FROM URBAN SYSTEM TO
NATIONAL SPATIAL SYSTEM

从城镇体系到国家空间系统

罗志刚 著

同济大学出版社

图书在版编目（CIP）数据

从城镇体系到国家空间系统 / 罗志刚著. -- 上海：
同济大学出版社, 2015.7
ISBN 978-7-5608-5899-9
Ⅰ. ①从… Ⅱ. ①罗… Ⅲ. ①城镇—城市规划—研究
Ⅳ. ①TU984

中国版本图书馆CIP数据核字(2015)第167646号

从城镇体系到国家空间系统
著　　作：罗志刚
责任编辑：陈立群(clq8384@126.com)
装帧设计：陈益平
责任校对：徐春莲

出版发行　同济大学出版社　www.tongjipress.com.cn
（地址：上海四平路1239号 邮编：200092 电话：021-65985622）
经　　销　全国各地新华书店
印　　刷　上海锦良印刷厂
成品规格　190mm × 260mm　168P
字　　数　262 000
版　　次　2015年8月第1版　　2015年8月第1次印刷
书　　号　ISBN 978-7-5608-5899-9
定　　价　78.00元

序

“国家空间系统”的理论框架形成于作者在清华大学攻读博士学位期间，然后在同济大学博士后流动站继续进行研究。在这期间作者连续参加了多项规划编制工作，例如，在黄冈市城市总体规划的编制中，这一理论构想得到了一定程度的检验，在理论与实践的互动中使“国家空间系统”理论研究渐臻完善。2006年完成初稿，而后，作者继续不断思考，不断完善，终成本稿，真是十年磨一剑。

该研究以发达国家和地区大量的城市集聚现象为基点，与我国目前城市地区城镇空间分布的肌理进行比较，论证了传统城镇体系的解体与重构——从“松散均布的简单树状结构向跨行政区域、大尺度、高位集聚与低位均布相复合的复杂巨系统结构”演进的“层级进化”过程。

《国家新型城镇化规划（2014—2020年）》指出：“发展集聚效率高、辐射作用大、城镇体系优、功能互补强的城市群，使之成为支撑全国经济增长、促进区域协调发展、参与国际竞争合作的重要平台。”“国家空间系统”的理论体现了这一战略思想，有助于促进城镇体系的演进，加快国家战略格局的实现，这正是本书出版的现实意义。

也许有些观点未必认同，建议读者慢慢地边读边思索，会嚼出它的味道来的，这是我作为本书第一读者的体会。新理论的提出绝不会完美无缺，但本书文字精炼，图文并茂，篇幅并不长，花些时间阅读，会诱发出许多思考，这正是读书乐趣所在。

陈秉钊

2015年2月1日于同济

2015年自序

时值“新常态”提出，国家发展进入重大调整时期，规划设计行业的感受已很明显。

这是正当城市化水平达到50%的时候，而且扣除半城市化后，实际城市化水平还不到50%，正应该高速甚至加速发展的时候，为什么就突然刹车了呢?

因为我们选择的产业体系、空间体系的“根”出了问题。30年来的发展，是起源于改革开放、并以沿海地区外向型经济作为引擎而拉动的一轮发展。在这个过程中，我们没有建立面向自己国民的产业经济体系，当全球经济环境恶化时，我们便大受冲击；我们也没有借机调整国家空间结构，30年来的发展基本是硬“塞”进传统城镇体系结构中，不仅生产效率低下、区域产业雷同，而且从一开始就封堵了产业经济和社会发展整体提升的路径——我们所选择的松散型城镇化与现代产业空间体系格格不入，其恶果之一就是房价的恶性增长，重要原因之一就是一线城市地区土地供给不足，导致全国房价跟涨，大量建设资金撒在松散的城镇乡村体系中，下一步还得重新补课，重新拓展、建设大城市地区。

传统城镇体系是农业时代的产物，工业社会要求的是产业集群、集约发展，后工业社会是在工业社会基础上的提升，没有理由重新回到传统城镇体系时代。所以传统城镇体系是制约国家提升发展的结构性障碍。与此相匹配的城乡规划法、土地法、户籍制度、行政辖区设置等加固了这种障碍。

本书提出的“国家空间系统”理论就是对这一结构障碍的突破。国家空间结构应选择低层萎缩、高层膨胀、大尺度集聚的路径。解决了这个问题，我国已有的实体经济发展就还有很长的一段路可以走、可以再发挥一次作用，随后我们可以再借这一段机会，培育下一个增长结构——这就是本书出版的现实意义。

本书的思想和基本概念早在2002—2003年已经形成，因为思想和概念太新，没能被很好地理解和接受，当时感觉就像寒风中的弱苗。2005—2006年本书思想已得到陈秉钊教授的认可，并为初稿作了序，但因为那几年受到方方面面的“质疑”、冷遇，我实在没有信心能有多少人看懂，也因为囊中羞涩，未能出版。今天得以正式出版，是因为在同济规划院的实践和科研项目给予了支撑和验证，使我有了更充足的底气。为解决读者看不懂的顾虑，我也曾写过一篇通俗版的图说体书稿，但经陈秉钊教授阅后再一次肯定2006版的书稿，我便再无顾虑。回头再读，自己也认为2006版书稿的深度、理论性、可读性比我一直以来以为的要好。

本次书稿，对2006版中必要的数据和部分图片做了更新，并新增了在上海同济城市规划设计研究院的两项科研成果的核心内容（德国南部中心地的变迁研究，国家、省级发展战略及其核心突破技术研究）以及2014年图说体版本中的部分内容。

罗志刚

2015-2-14

2006年自序

本书是多年探索与思考的结果。

最先的起因是对中心地理论的反思。我在广西北海工作数年期间，亲身接触到大量的农村和乡镇，那种松散的结构使我对中心地理论开始怀疑，希望寻找到更科学的理论，但终不得其解。

之后我于2000年考入了清华大学建筑学院攻读博士学位。其间选修了“系统论研究”和“人居环境科学导论”两门课程。前者使我形成了科学的认识论，尤其是超循环理论使我的认识形成飞跃；后者为我提供了一些基本的概念材料，包括“人居”概念、“层次”概念。两门课的结合，使我发现了广阔的理论空间、形成了“人居系统”概念，并提出了其应用形态之一的“国家系统”。

但我发现这一概念的沟通和交流存在巨大的障碍，一方面是理论本身与实践的结合还有欠缺，另一方面是因为认识论基础不一致、缺乏共同的语言——真正的创新一定是新的，有些创新是需要评价者放下自己已有的知识体系、认识论体系去学习才能看懂的。“人居系统”是全新的概念，当时学院搞人居的老师很难分清“人居环境”和“人居系统”到底有何不同、“体系”和“系统”到底有何不同、“层次”和“层级”到底有何不同，也很难想象“进化”的同时会导致“淘汰”，更难想象“国家系统”与“全国城镇体系”究竟有何不同。可以设问：中国城镇体系的层次恐怕是最多的，但为什么反而不是最先进的？实际上，所有的这些层次加起来，也只不过是“一个层级”——即总体层级——这个层级的复杂度是很低的。

2003年，我进入同济大学博士后工作站，继续前面的研究。基于在同济大学的规划实践，我逐渐充实、完善了人居系统理论（已改称为“高级复杂城市系统”）和“国家空间系统”概念（也称为“国家系统”）。“国家空间系统”是“人口、经济、城乡空间三大子系统的统一体”，要将农村、农业、农民都规划进来，将经济和生产力的发展也规划进来。

我国城市体系脱胎于农业社会，今天整个国家即将进入工业化阶段，还伴随着信息化、全球化的冲击，这是我国的基本发展背景。

城市体系滞后，三大系统（人口、经济、城乡空间）不统筹，是当前我国面临的主要问题。解决的基本对策是发展现代农业、解放农民，系统地推进大尺度集聚型城市化。农民进城将带来巨大的内需，也将催生大量的就业岗位。并且，在集聚条件下，产业体系会自发地延伸、分化、提升，进入自组织进化过程。而传统的城镇体系将这种岗位增量层层分解，扼杀了现代产业体系追求效率、集约发展、不断提升的基因，各级城市的产业体系基本是低水平、重复建设，内耗相当巨大——对城市化路径的不正确选择导致发展的道路越走越难。

非农产业不能像农业那样在大地上均匀分布，现代社会中产业的分工协作要求生产要素紧密联系，所以城市体系必须甩掉中心地结构、在优势区位放开空间管制，引导人口和经济要素形成大尺度集聚，打破城市发展的空间制约和体系制约，要引导全体人民享受城市的物质文化生活，由此全面提升人口素质、为更长远的发展奠定基础，其结果只能是经济体系、社会体系进入良性循环。这涉及一系列的“突变”：空间结构突变、经济体系突变、人口分布突变。

若从更具一般性的理论层面进行认识，那么进入工业社会以来，经济活动在空间上的不断扩展，跨越了从“城市”到“国家”、再到“全球”的若干个空间尺度，每一次跨越，都会带来人口分布、产业组织和空间结构的全面变化。空间尺度每扩大一次，结构体系就刷新一次。每次刷新都是一次进化，多次刷新就构成本书所说的“层级进化”。“进化”是整体结构向复杂方向的变化，而不是城镇的简单扩大。

与“国家空间系统”相近的城镇体系研究在我国已有多年历史，但有些学者认为，城镇体系研究一直以引介国外理论为主，在基础理论研究领域一直处于空白（有些教材认为中心地理论是城镇体系的基础理论）。本书在基础理论层面进行了探索，提出了若干新概念和新思想。

本书力求做到理论与实践的良性互动，书中提供了多项案例，其中渗透了理论研究的许多思想点，望能对读者理解本书有所帮助。

由于理论本身的复杂和研究对象的庞大，本书可能有许多论述欠严谨和不完善之处，但作为阶段性成果尽快抛出，也希望能尽快引起关注、尽快与实践相结合。当然，理论本身还会进一步地深化和完善，望能得到专家学者的帮助和指正。

希望本书能对许多战略性要求较强的规划实践工作如战略规划、总体规划、区域规划、城镇体系规划、国家空间系统规划（全国城镇体系规划）等具有一定的基础性参考价值，也希望为政府决策提供有益的帮助。

罗志刚

2006.6.11

摘要

自国家诞生以来，国家空间系统的演化形成了由农业时代早期的城-乡单细胞结构、农业时代中后期的中心地结构，还有工业时代的集聚+均布结构，以及信息时代的超空间大网络结构等四大结构形式构成的由低级向高级进化的结构序列。

进化伴随着新结构创生、旧结构淘汰，尤其从简单、松散的中心地体系向复杂集聚结构的进化，必然导致中心地体系的崩溃。因为现代农业使传统的农村不再必要（一个现代化的家庭农场可以取代传统的若干个农村），这就从根本上动摇了中心地体系的根基；而工业生产则要求分工协作，要求联系，所以要求集聚，根本没有理由选择均匀分布的中心地体系。

我国城市体系脱胎于农业时代——农村在大地上均匀分布，所以城市体系也均匀分布，这就是传统的中心地体系。

现代农业对我国来说已不存在什么技术问题，能否将其转变为真实的生产力，将是一个考验我们这一代人智慧的问题。

同时，我国正在迈向工业及后工业时代，传统城市体系无法支撑现代生产力，中心地体系不再有效，所以必须变革。这是对国家基础结构的变革，所以本书也使用“国家系统”一词。

我国未来国家空间系统将不应再依托于中心地体系，新的国家空间系统将主要建构在一套由集聚层和均布层构成的双层结构上——集聚层主要由若干国家级高中端产业集聚区构成，也是人口的主要集聚层；均布层主要承担基础的农业职能和中低端产业职能。其中，集聚层成为国家空间系统的重心所在。整体结构的“重心”将摆脱低位结构的束缚，向高级化方向进化。

本书分为两部分。

第一～第六章介绍了国家空间系统的基本概念、理论来源、演变历史，并提出了国家空间系统的两大基础理论——“多结构”理论和“层级进化”理论。

第七～第九章分析了当前国家空间系统的基本问题，并提出了新国家空间系统的建构方法，最后提供了若干理论应用实例。

本书是系统科学和城市规划相关理论交叉结合的产物，对反思现行的城镇体系规划提供了重要的理论帮助，对未来国家空间系统提出了全新构想。

关键词：国家空间系统、国家系统、城镇体系、层级进化理论、多结构理论

目 录

第二章 理论背景

第三章 国家系统的结构演化史

第四章 超越“中心地”

图 说

现行“国家空间系统”的农业背景

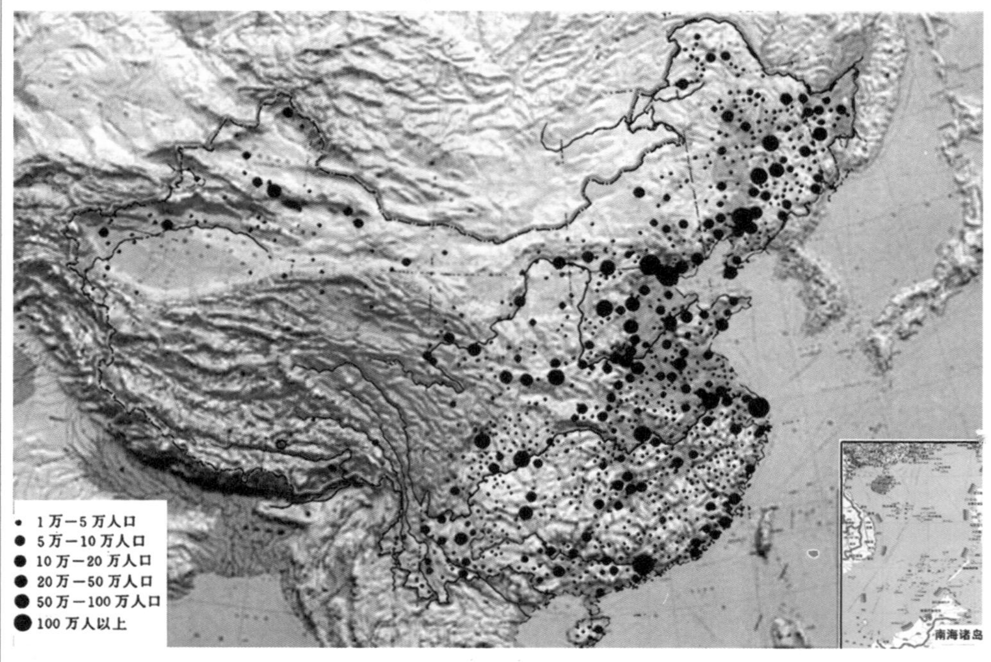

图1：我国万人以上城镇分布与地形强相关[①]

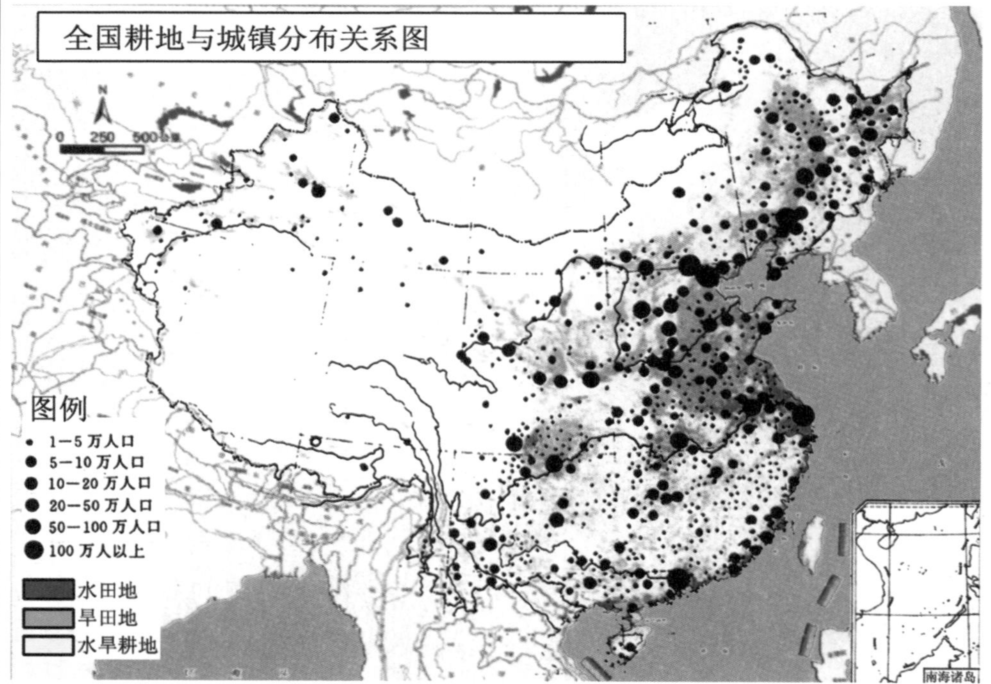

图2：我国万人以上城镇分布与耕地强相关[②]，从中可以看出我国城市布局强烈的农业背景

新中国是建立在原有农业时代城市体系的基础上，60多年来城市总体布局结构并未发生根本的转变。从万人以上城镇的空间布局与耕地分布的强相关性，可以说

① 城镇分布资料来源：许学强等《城市地理学》，高等教育出版社，2001年8月，第185页。

② 耕地分布资料来源：《全国城镇体系规划纲要2005-2020初稿》，2005年8月，第7页。

明中国城市体系深厚的农业背景。从图上可以看出，平原、耕地、城市三者完全耦合且城市较多，山地丘陵则城市稀少。

“中心地理论”是农业时代的产物，不适应工业社会的生产力要求

“中心地”理论来自德国，一直被作为我国城镇体系规划的基础理论。但在德国，昔日的中心地体系早已变迁。该理论的创始人也承认他研究的中心地体系的人口规模分布“不过是对以农业为主的区域人口的大致估计”。①

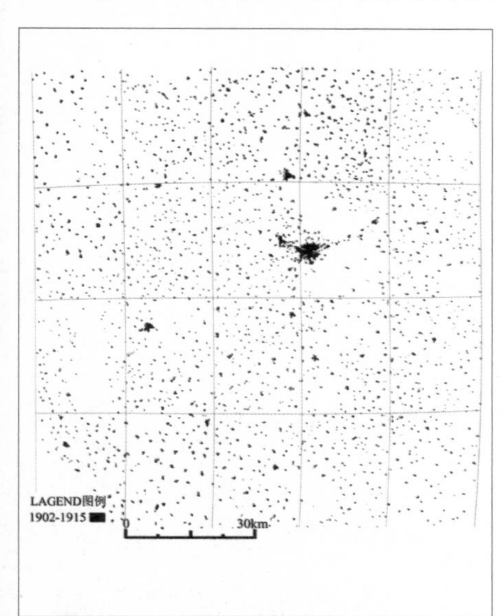

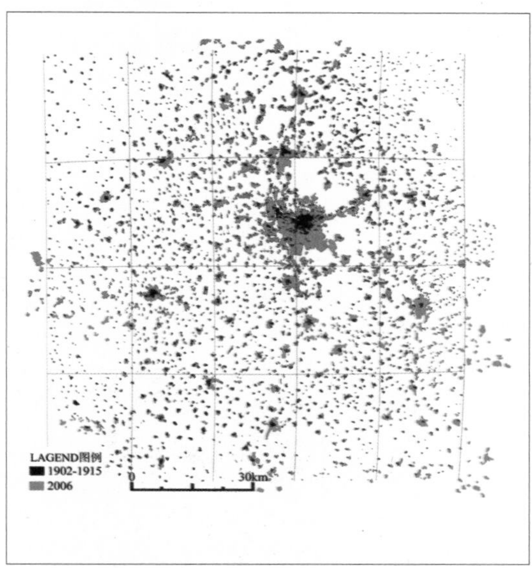

图3：克里斯泰勒1933年研究的纽伦堡中心地（左）以及2005年同一地区的城乡体系空间形态图（右）②

下图说明，今天的纽伦堡地区虽然仍有中心地体系的结构特点，但更突出的变化是出现了“纽伦堡-菲尔特”集聚区以及向几个方向延伸的轴带。

图3（左）以纽伦堡为中心，图中黑色点为1933年的中心地及居民点位置）；图3（右），红色为其后新增的城乡建成区，新增了大量小“点”，根据样本点的平面形式判断，那些小点应是郊区化的产物，多为别墅区。德国在20世纪60年代完成了郊区化，抛去二战，从左图演变到右图的时间大致仅为20年！③

本页图为上海同济城市规划设计研究院科研课题“德国南部中心地的变迁研究”的成果，由罗志刚与[德]本·西格斯合作完成。

① 克里斯泰勒，《德国南部中心地原理》，商务印书馆，P89

② 注：左图地图来源信息：Auftrag: Staatsarchiv Nurnberg;Topografisher Atlas 1:500000;Nr. 27,28,29,33,34,35,39,40,41,45,46,47;Urheberrecht vorbehmigung; Auftrags-Nr. 1240109绘图：罗志刚、陈丽、罗天一，绘制方法：根据原始地图描画住区轮廓后拼合。右图资料来源：根据本·西格斯先生提供的TOP50描画城镇及乡村轮廓，整理而成。两个时代的地图对位有偏差，故图中网格线略有弯曲。制图：罗志刚

③ 罗志刚，[德]本·西格斯，德国纽伦堡G级中心地体系的变迁研究，《国际城市规划》，2013[3]

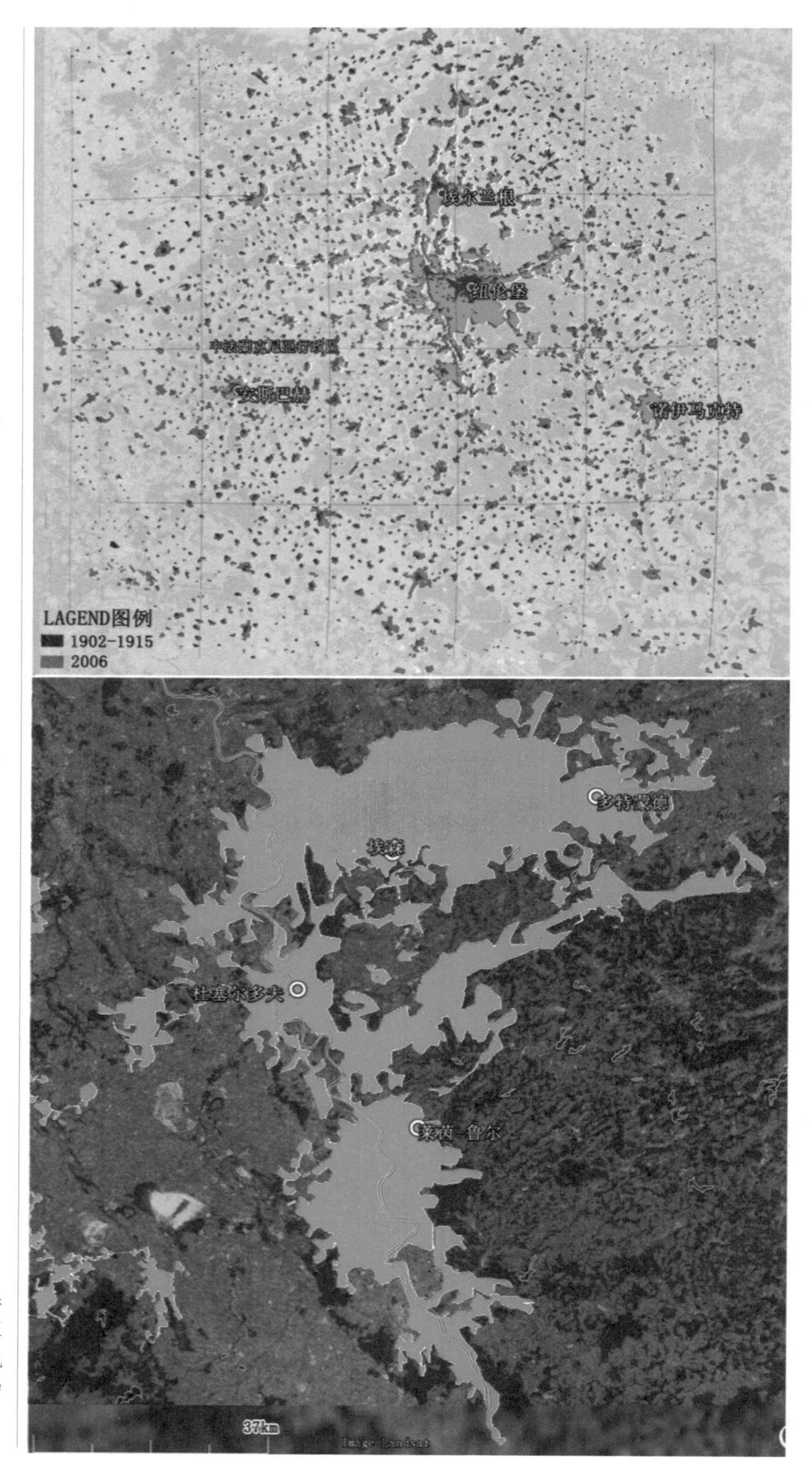

图4：纽伦堡中心地体系（上）与莱茵-鲁尔工业区的连绵景观（下）同比例比较——这里还有中心地吗？中心地的规模该怎么算？

城市群概念的误区——问题出在国家系统的基本结构上

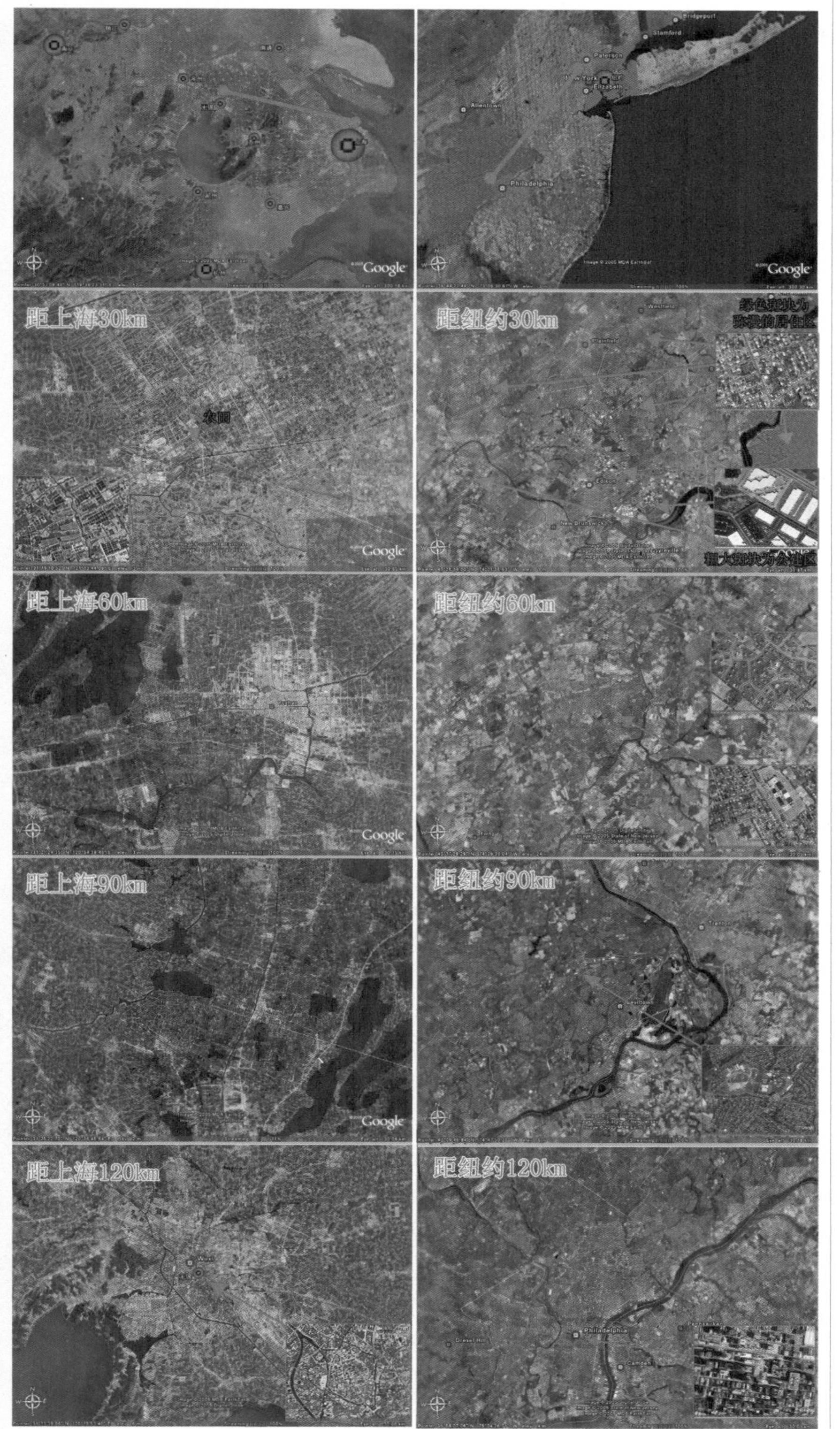

图5：长三角城市群与美国大都市连绵带比较（30km等高卫片，2006年）
左：长三角；右：美国纽约-费城连绵带

卫片比较结论 ：2006年的长三角城市群实际相当松散。

有人说：“美国的连绵带到处都是别墅，中国不能学。”作者并非推荐学美国的别墅，而是请您思考真正高效率的“国家结构”应该如何？

城市群概念的误区——问题出在国家系统的基本结构上

图6：2006年的珠三角核心区域卫星图片（左：乡野景观为主；右：城市布点松散）

中外国家级中心城市的尺度比较

工业时代的中心城市，需要大尺度空间保障其职能的发挥，尤其是国家级中心城市。我国城市脱胎于农业时代，本身就松散，又面临土地保护国策，同时城镇体系又沿用传统结构，无意中保护了这种松散结构。而生产力是最革命的因素，大尺度集聚是正确方向，那么，重建国家系统的基本结构就成为必然选择。

图7：上海市、广-佛连绵带与纽约、东京同比例对比（2006年）

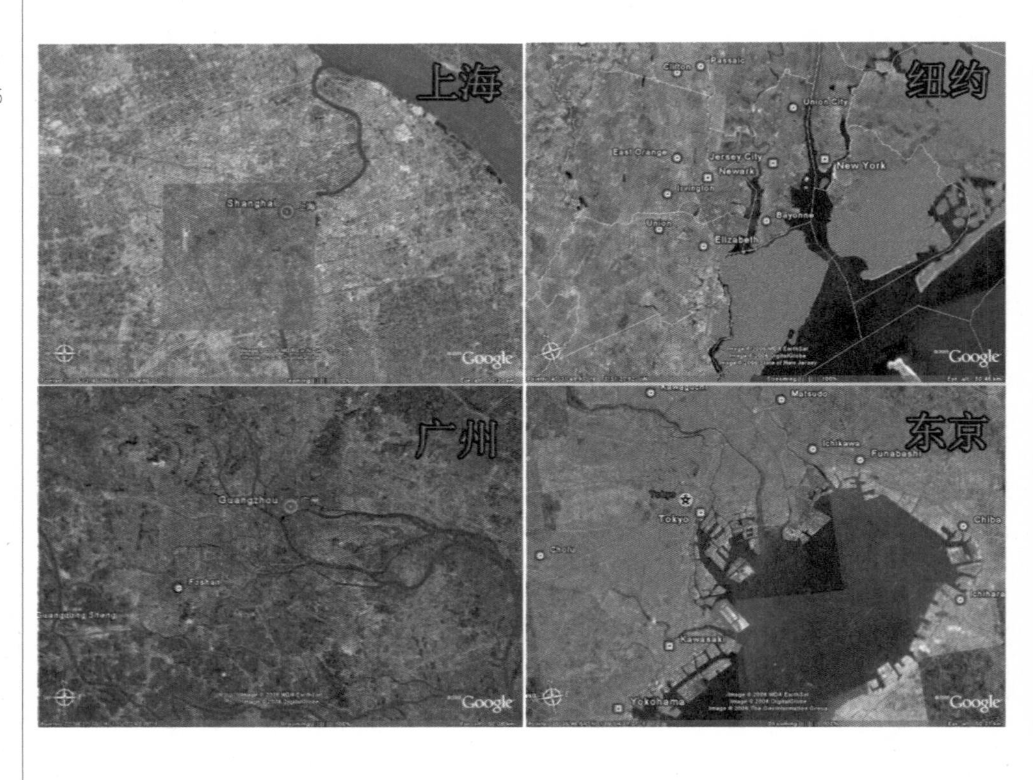

中国有农村，美国无农村——从另一个侧面看两种国家系统的根本差别

图8：中美农业地区空间形态比较 （左：中国新乡农村，右：美国底特律市西南农业地区，2006年）

未来“国家系统”构建

国家系统的发展方向是集聚化，形成从集聚区到连绵带的发展历程。

现代生产力不再需要传统农村。我们只需要很少的劳动力，就可以解决“吃饭”问题。

农村不再，如大树无根。传统城镇体系安能存在?

建设新农村，首先要建设新的国家系统，才能达到真正的“城乡统筹”、“科学发展”。

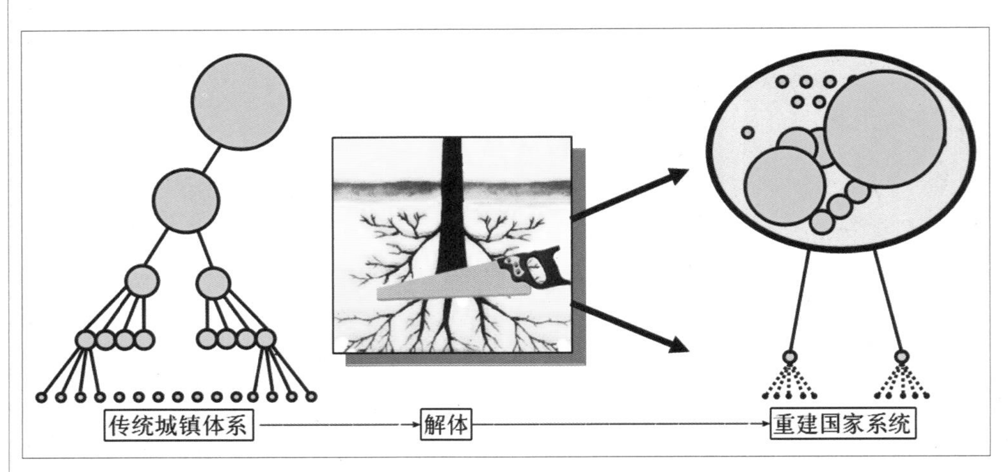

图9：由传统城镇体系到国家系统的结构突变图解

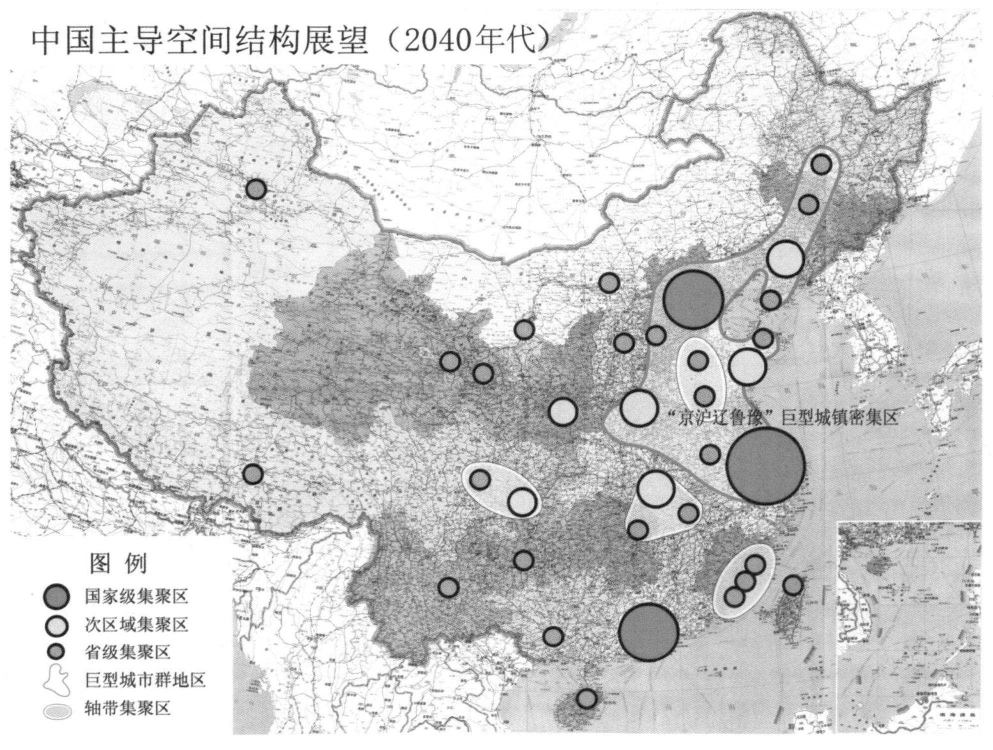

图10：未来国家空间系统主导结构（集聚区）展望

京沪鲁豫“大十字”格局

在主要的人口与城市密集地区（京沪鲁豫板块），空间结构需要进一步细化研究。在上图所示的京、沪、鲁、豫四大区域节点的联系轴带上，存在一个十字形发展骨架和两个潜力型节点区域：济南节点和徐州-枣庄-临沂-济宁节点。

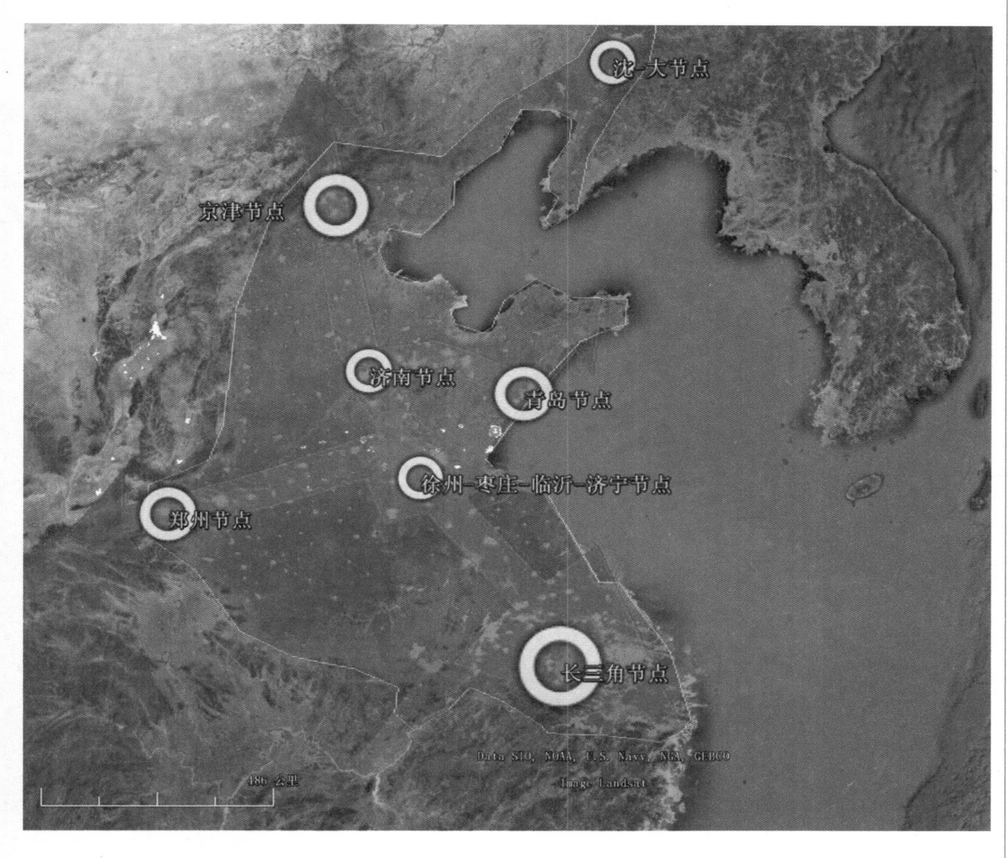

图 11：2040年中国国家空间系统“京沪鲁豫”板块次级结构推演

表 1：2013年各区域板块人口及国土面积统计（万人、万平方公里）

区域	省、自治区、直辖市、特别行政区	人口/万人	比例	国土面积	国土面积占比
京沪鲁豫板块	上海、北京、天津、山东、河南、江苏、河北、安徽、浙江	51948	41.6%	88.72	9.20%
湖广赣闽板块	湖南、湖北、广东、广西、江西、福建、香港、澳门	26288	20.54%	110.2	11.42%
东北	辽宁、吉林、黑龙江	10976	8.8%	78.81	8.17%
大西北	陕西、山西、内蒙古、新疆、甘肃、宁夏、青海	15970	12.8%	444.8	46.11%
大西南	西藏、云南、贵州、四川、重庆	19578	15.7%	235.1	24.37%
海南	海南	895	0.7%	3.4	0.35%
台湾	台湾	2345	1.83%	3.6	0.37%

第一章　绪 论

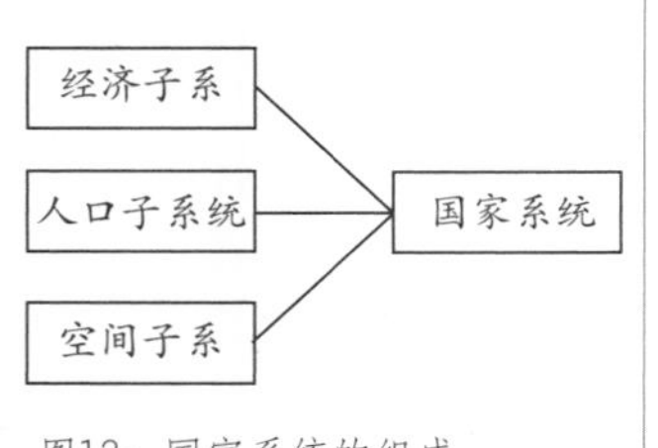

图12：国家系统的组成

1. 什么是国家空间系统和国家系统？

本书定义“国家空间系统”是指“人口、经济和城乡空间三大子系统在国家层面相互协调形成的统一体”。狭义地讲，就是指国家城乡空间体系，可以简称为“国家系统”。本书用语“国家空间系统”、“国家系统”为同一含义，无区别。

国家系统包括“组成”和“结构”两方面内容：

①国家系统的“组成”：即人口、经济、空间三大子系统。

②国家系统的“结构”：即三大子系统“各自的组织方式”以及“整体的组织方式”。

三大子系统中，经济子系统代表了生产力，是最革命、最活跃的因素，是主导系统，其他两个子系统是因变系统。

本书不否认环境、资源、政治、文化等因素的重要性，但环境、资源类因素仅仅是背景约束条件，在现代产业体系和技术背景下都不具有空间约束性；政治、文化类因素是上层建筑，应服从于生产力发展的要求（经济基础）。所以在一般意义上讲，这些因素对国家系统的基础结构并不起主导作用，故本书不将其纳入国家系统的基本组成。

2. 国家系统的基本结构

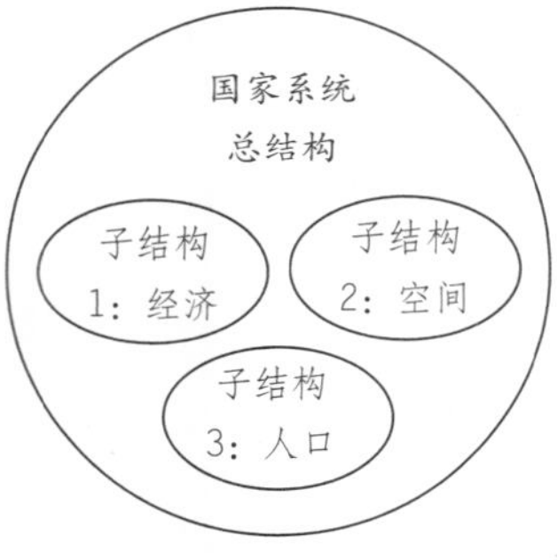

国家系统
总结构
子结构
1：经济
子结构
2：空间
子结构
3：人口

图13：国家系统的结构

国家系统的基本结构是一种复杂层次结构，包括至少两个层次：

（1）子系统层次的结构

①空间结构：主要指城镇与区域的相互关系和组织方式，如中心地和城镇体系的等级结构，城市群、都市圈、大都市连绵带等结构。

②经济结构：是指与生产力水平相适应的生产组织方式，主要包括产业结构、生产分工形式等。

③人口结构：本书指人口的空间分布和经济分布，主要涉及城乡二元分隔，就业结构和经济结构的分离等问题。

（2）总系统层次的结构

指三大系统的总体组织关系，分为协调与不协调两种情况。比如，人口布局与生产力要求是否一致、经济布局与空间布局是否一致等。

3. 国家系统研究的基本问题——进化与创新

生产力是决定国家系统结构的根本因素。不同的生产力组织形式形成不同的空间结构：

①农业时代早期的均匀布点结构　农业生产依靠土地，一定的土地养活一定的人口，所以早期的农业居民点在大地上均匀分布。

②农业时代成熟期的中心地体系　随着农业生产力的提高和剩余产品的增加，以及手工业的发展，人们需要交换剩余产品，从而产生了集镇、城市，于是形成了既均匀又有等级特征的中心地结构。

③工业时代的集聚结构　工业时代，生产的分工协作成为主导生产方式，产业走向集群化，大尺度集聚结构得以创生。

④信息时代的全球结构　信息时代的产业链重新分解、组合：管理在高层次集聚、生产在低层次扩散、控制和服务以等级体系在全球扩散，构成了更为复杂的结构。但必须注意："控制和服务的等级体系"仅仅是某一个跨国公司或机构的"体系"，多个这种"体系"的叠加并不仍然是"等级体系"。它也并不能决定"国家系统"的结构，只有生产力的组织形式才能决定国家系统的结构。信息时代并没有否定工业时代的"集聚结构"，而是使其更加优化，更加专业化、复杂化，并以它为基础构建了更高级结构。

从上述结构演化的进程，可以看出主导结构越来越复杂、越来越高级。因此，国家系统的结构存在级别的高低，从低级到高级的演化也称为"进化"或"层级进化"。

此外，每一次进化都伴随着创新与突变：中心地时代产生了"商贸城镇"和服务等级，是前所未有的；工业时代产生了集聚结构，也是前所未有的；信息时代产生了超空间大网络结构，也是前所未有的。

因此，进化与创新是国家系统研究的基本问题。

把上述演变过程转换成一张表，便可简明扼要地进行国家系统结构协调性的判断。

表2：经济发展阶段与空间结构对照表及国家系统结构协调性的判断

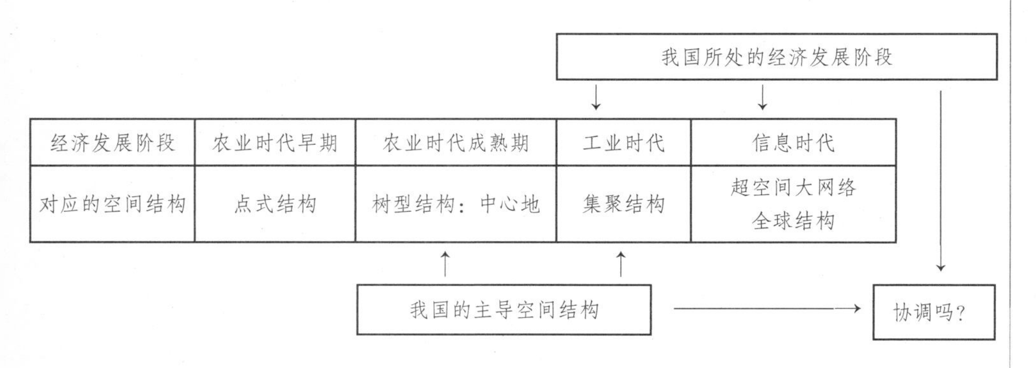

经济发展阶段	农业时代早期	农业时代成熟期	工业时代	信息时代
对应的空间结构	点式结构	树型结构：中心地	集聚结构	超空间大网络 全球结构

4. 研究国家系统的意义

（1）理论研究意义

国家系统将有效地指导理论研究，对城市规划理论、经济理论等都将提出全新的课题。

在城市规划方面的新课题可能会有：

①对传统城镇体系的全面更新　传统城市体系脱胎于农业社会，其对现代经济的发展有基础性制约作用，导致生产力不能充分释放，国家系统将引导形成一个新的城市体系。这是解放生产力的一个重要基础。

②对传统城市规模预测方法的全面更新　传统城市规模的预测是加入暂住人口来解决人口的跨区域流动问题，但这极不可靠。人口的流动受到传统城市体系的制约。加入暂住人口只是一种被动办法，对促进经济社会的发展没有积极意义，而国家系统将会有意识地引导人口重新布局，这是解放生产力的另一个重要基础。

③全国土地资源统筹　城市发展遭遇“土地瓶颈”，大量的建设用地在农村，农民却要进城，“三农”问题也难觅出路，土地资源分布不合理，成为制约社会经济发展的基础性障碍。

在经济研究方面的新课题可能会有：

④农民进城的产业支撑　“城市就业岗位不足，不要那么多农民进城”，这是相当普遍的想法，但也是非常消极的想法。农民在农村一样没有产业支撑，农业本身也不需要那么多人。应该说，人们要提高物质文化生活水平，这就是社会需求，有需求就有市场，就能发展经济，这是一种积极的引导思维。促进这一进程的经济理论研究，是非常有意义的。

⑤新经济体系研究　传统经济体系是一种二元经济，其中的城市经济也受到传统农业时代城市布局的制约。新的经济体系如何建立？应当组织怎样的生产方式？三次产业如何协调？劳动力如何分配？

⑥产业布局的研究　传统的产业布局有何问题？能否支撑进一步的持续发展？新兴的产业集群、产业链等需要什么样的空间形式？产业集群需要在何种尺度上实现？

（2）实践意义

正确的国家系统将有效地指导实践，有助于形成正确的城市系统、经济系统和人口布局系统，对提高国民经济整体实力、改善人民物质文化生活水平具有重要意义。

我国现阶段城镇体系的概念比较清楚，但这是传统的农业结构，整个国家急需构建新的基础结构。因为在新结构下，许多城市、村镇处于被限制、被淘汰的地位。如果没有新的国家结构的引导，实际建设就要走许多弯路、发展进程也会严重滞后、一次又一次丧失应有的发展机会。

国家系统研究对实践的指导意义表现在以下方面：

①对规划编制提供理论依据　包括空间规划、产业布局和人口布局规划等，其中空间规划涉及全国层次、次国家级层次、省域层次、地级市层次、县域层次等。

②对国家建设的指导意义　对三农问题、城市化问题、区域协调问题、城乡统筹问题、国内发展与对外开放问题等将给出系统的解决方案。

5. 我国“国家系统”现状基本特征——农业时代、延续而来

新中国是建立在原有农业时代城市体系的基础上，几十年来城市总体布局结构并未发生根本转变。从万人以上城镇的空间布局与耕地分布的强相关性，可以说明中国城市体系深厚的农业背景。从图上可以看出，平原、耕地、城市三者完全耦合且城市较多，山地丘陵则城市稀少。

我国脱胎于农业社会，城镇体系结构遵循“中心地”理论的基本模式。新中国成立以来，国家层面传统的城镇格局并未发生全面、彻底的改变（局部有些不完全的改变，如长、珠三角等）。现行国家系统的通行叫法是“城镇体系”或“全国城镇体系”。

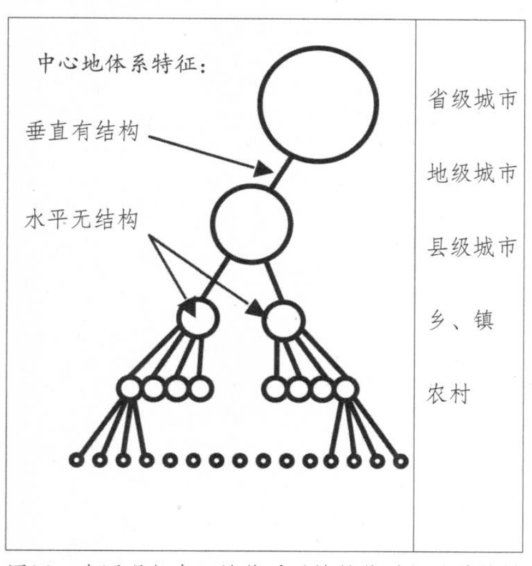

图14：我国现行中心地体系（城镇体系）的结构模式，与农业生产力有着完美的对应

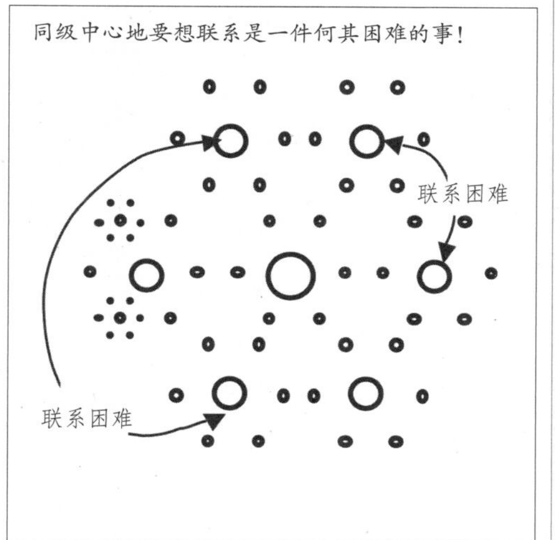

图15：我国现行中心地体系（城镇体系）的空间分布模式，土地均分、空间均布

说明：图14是通常所说的“等级结构”或“树形结构”。它完美地对应于农业时代的生产方式：土地均分、城市均布、服务分级、体系分级。从图14看，同级中心地之间的联系似乎很便捷，但从空间图（图15）上看很明显：同级中心地要想联

系是一件何其困难的事！因此，依靠这个体系发展现代经济是不行的——太散了。

6. 我国“国家系统”现状基本问题

城市体系拖住后腿，这是我国目前的根本问题之一。“满天星”式的城镇体系格局支撑不起现代经济，所以城市就业岗位不足，所以城市难以接纳大量的进城农民，所以城市化方向不明，所以整体经济难以拔高……一系列问题，都源于基本结构。

三大系统不统筹，是我国目前的根本问题之二。国内有“城镇体系”、“都市圈”等提法，但基本上都对经济、人口等缺乏统筹，未解决诸如农民、农业等根本问题。国家系统不仅仅是城市圈、城镇体系……还必须考虑与经济体系、人口布局之间的全面调整与对接。并且尤其重要的是，经济体系和人口体系的发展规划应该做在前，空间体系才能具体落实。

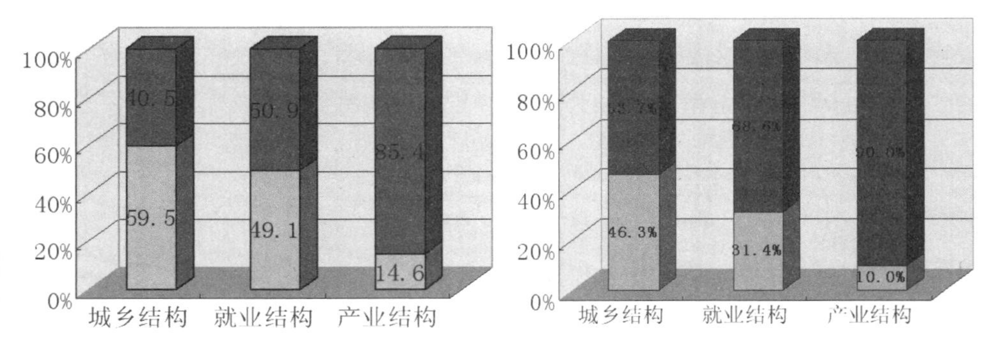

图16：2003年（左）、2013年（右）我国三大结构的一致性判断：三大结构不对位（资料来源：中国统计年鉴2004、2013年国家统计局网站数据）

以2003年、2013年我国三大结构关系为例，我国人口的城乡分布、就业分布和经济体系的产业结构存在很大的不协调，见图 16。

7. 国家系统变革的基本动力：生产力变革

生产力的变革是一切变革的基础。对现在的中国来说，农业技术的现代化并不是一件多么困难的事，大量农民的解放是必然趋势，也就是“城市化”趋势。而伴随城市化进程的是大量内需的产生，这就为非农产业提供了巨大市场，就业岗位也随之产生。（往往有误解认为是经济发展带动了城市化，这是把经济发展混同于“技术革命”了。“技术革命”提高了生产力水平，但只有城市化才能把这种生产力水平转变为经济发展，即便英国也回避不了“羊吃人”的历史阶段。）

非农产业的发展要求分工协作、彼此联系，形成网络结构。“新常态”下产业的高级化、细分化、微型化、多元化、服务化等对产业链的要求、对人才的要求更苛刻、对市场规模基数的要求也更为扩大。而产业体系的升级与传统松散的空间等级结构先天不兼容、网络结构与树形结构先天不兼容，由后者向前者的进化必然要求解体重组（图 17、图 18）。

由于基本生产方式的变革，传统农村首先解体。农村犹如大树的根基，根基不存在了，为其服务的各级城镇也没有了存在的理由。

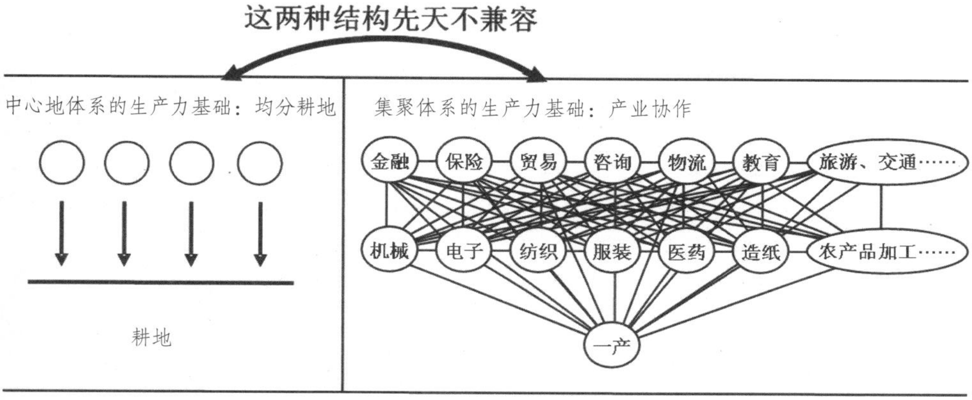

这两种结构先天不兼容

中心地体系的生产力基础：均分耕地

耕地

集聚体系的生产力基础：产业协作

金融　保险　贸易　咨询　物流　教育　旅游、交通……

机械　电子　纺织　服装　医药　造纸　农产品加工……

一产

图17：以耕地为依据，要素之间不需要发生水平联系的均布结构（左）和以协作为依据，要素间必须发生联系的网络结构（右）先天不兼容两者之间形成级差，结构演变必然是突变

高级中心地由于非农产业发展条件良好，为人口的集聚提供了产业基础，因此，以高级中心地为核心重新构建空间结构就成为必然。而究竟选择哪一级的中心地作为新的结构载体，则要以产业和经济体系的要求为依据。

由于我国的城市体系受到人为力量的强力干预（规划法、土地法、行政体系、城镇体系、户籍制度等），缺乏新结构成长的环境，因此如不靠人为的力量去引导、解套，国家系统是等不来的。

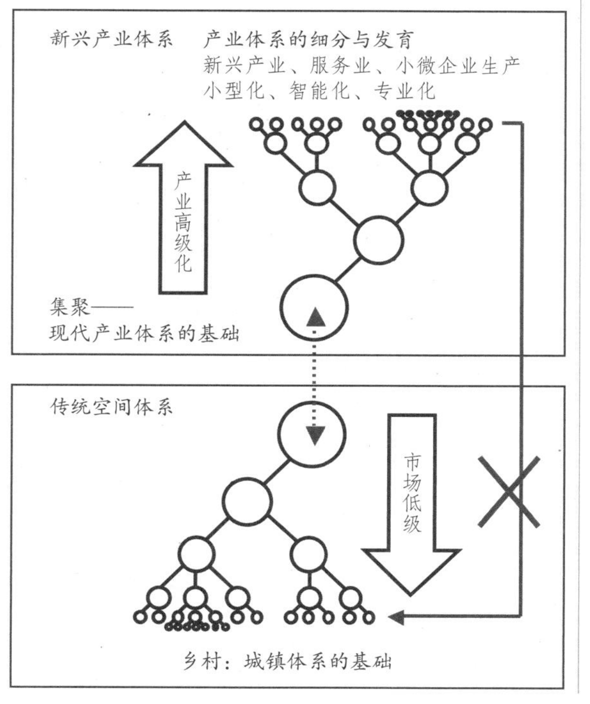

图18：传统空间结构与新兴产业体系不匹配

8. 国家系统变革的微观基础

构成国家系统的微观基本单元的活动特性对整体系统的变化起着基础性作用。所谓微观基本单元，是指国家系统最小的功能单位，即基本的生产单位——企业。

工业化时代企业的空间选址具有极大的灵活性。本书选择福建沙县的两个工业园（民营工业园和省级高新技术开发区金沙园）为样本，对其中企业的人员、原材料、市场等进行分析（见本书附录6），可以得出以下结论：

①沙县两大工业园区的就业人员来源不限于本地，本地外地比基本为1：1；

②各企业的原材料来源不限于本地；

③各企业的市场范围不限于本地。

由此可见，各企业的开放性极强，选址布局的灵活性也极高（个别对原材料有特殊要求的企业除外）。

这一结论对国家系统的结构构建具有重要的基础性意义——外来“企业”既然可以在沙县布局，也当然可以在其他某个优势区位布局。整个国家千千万万个企业如果进行有计划地引导，在某些区域相对集中布置，那么在基础设施的效率、产业协作的广度和深度、人口和劳动力的集聚、刺激内需、开拓市场等方面将会是一个完全不同的局面。

9. 国家系统变革的方式——多体系联动进化

进化的形式分为封闭的单一体系进化和开放的多体系进化两种。单一体系进化是指以一个完整的中心地体系为单位的进化形式，见图 19。多体系进化是指多个中心地体系共同发生的进化形式，例如两个省合并后再编制城镇体系规划，则不同于分别进行的结果。国家系统的进化应是一种多体系进化形式。

进化的结果与当初相比“面目全非”：原来的5级体系现在变成了几级？原来的中心地现在成了什么？我们的城镇体系规划是否该有所反思？

多体系进化过程可以是各体系分别进化，如图20所示1−2过程；也可以联动进化，如图20所示1−3过程。两者结果完全不同。即：若体系A、B、C分别进化形成A1、B1、C1，联合进化形成(A+B+C)1，则：

$$(A+B+C)1 \neq A1+B1+C1$$

1−3进程是A、B、C体系互相开放的结果，开放才能导致要素在更大的空间重组，才能形成更高级的结构。国家系统所组织的要素为国家范围的全部要素，而非某个局部体系的要素。例如，某个国家级优势区位的人口和产业预测，必须考虑全

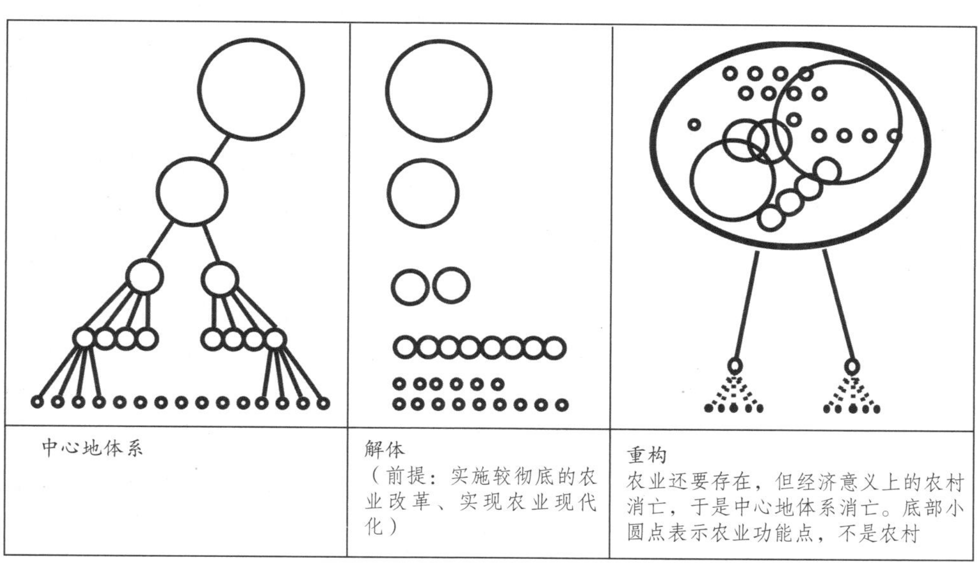

图19：单体系“层级进化”过程图解（相当于一次非线性变化过程，参见第六章）

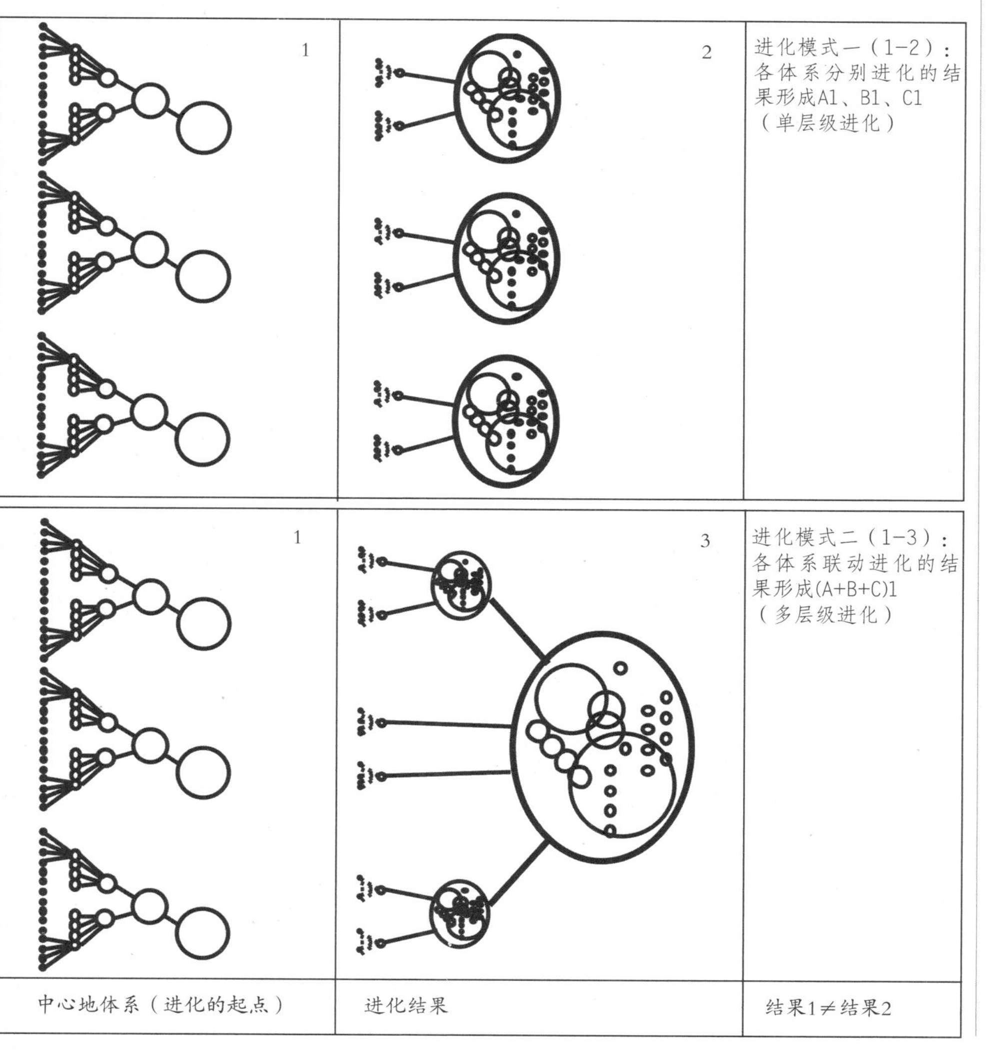

图20：多个中心地体系向高级系统的“层级进化”过程图解。进化的结果与1相比都“面目全非”。也可以从1经过2再到3，但这是相当不明智的。

国范围的产业组织和相应的人口变化。

按上述原理，国家系统变革的形式可分为局部变革和整体变革两种。

局部变革——是指以国家以下的各级行政辖区为单元的变革，由于行政级别的组织方式是等级结构，因此无论在哪一级变革都无法回避“诸侯规划”的问题。而且这种“诸侯规划”是“大诸侯”套“小诸侯”，哪一级“诸侯”都会感觉很难。

整体变革——是指整个国家作为一个整体进行结构变革。

局部变革汇总的结果并不等于整体变革，实际上，我国国家级以下的空间体系分为省、地、县、镇、村等，以此为依据进行的局部变革，实际是对整体结构的“保护”，因此根本不可能过渡到整体变革。

因此，以生产力的变革为依据，国家系统应相应做出整体性变革。

10.国家系统是否遥不可及

按照钱纳里的判断方法，我国2004年人均GDP约1 200美元，2013年约为6 900美元，国家整体上已处于工业化阶段。生产力的发展已经提供了结构跃迁的条件。

生产力是城市系统演化的根本依据。目前，我国生产力水平已达到了在国家甚至更大尺度上组织生产要素的能力，因而城市系统的基本要素也就具备了在国家层面进行重组的能力。

表 3：钱纳里的工业化发展阶段与人均GDP的关系[1]

阶段	人均GDP/美元				发展阶段描述	
	1964年	1970年美	1996年	2007年		
1	100～200	140～280	620～1240	740～1500	初级产品生产阶段	准工业化阶段
2	200～400	280～560	1240～2480	1500～2990	工业化初级阶段	工业化实现阶段
3	400～800	560～1120	2480～4960	2990～5980	工业化中级阶段	
4	800～1500	1120～2100	4960～9300	5980～11210	工业化高级阶段	
5	1500～2400	2100～3360	9300～14880	11210～17900	发达经济初级阶段	后工业化阶段
6	2400～3600	3360～5040	14880～22320	17900～26910	发达经济高级阶段	

由于我国的城市体系受到人为力量的强力干预（规划法、土地法、行政体系、城镇体系等），缺乏新结构成长的环境，因此如不靠人为力量去引导、解套，国家系统是等不来的。

因此国家系统并非遥不可及，而是时时刻刻伴随我们，甚至是一件非常急迫的事。我们一天不做，它就一天不发挥作用，我们就可能盲目地继续走下去，那将贻误多少机会！

① 1996年美元数值来自郭克莎（中国社会科学院工业经济研究所研究员）文：中国工业化的进程、问题与出路，《中国社会科学》2000年第3期。2007年美元按照《美国统计概要(2009)》公布的物价指数变动情况进行换算，2007年美元与1970年美元的换算因子为5.34，仅做参考。

第二章　理论背景

一、国家系统概念的来历

1.从微观到宏观的概念渐变

国家系统概念产生于城市规划专业背景下。城市的发展演化形成了一个从微观到宏观的渐变过程。城市领域的研究先后经历了以下阶段：

（1）“现代城市”概念

以1933年《雅典宪章》的功能分区思想为代表，城市由工作、生活、游憩和交通四大功能组成。

（2）城市化地区、城市区域、城市场、都市区、都市圈等概念

随着工业化的推进，城市不断演化，出现了丰富多彩的新形式，包括城市化地区、城市区域、城市场、都市区、都市圈等。

所谓“城市化地区”是指城市向外进行连续的物理扩展所形成的建成区。

“城市区域”是指与老城中心形成经济整合体的区域。

“城市场”（urban field）是一个“由社会—经济联系网演变而成的低密度的、巨大的、多核心区域[①]，这些核心分布在大尺度的开放空间中，这个空间大部分用于发展农业和休闲娱乐业，原来的核心城市逐渐失去区域的主导地位，蜕变成众多专业化中心之一”。[②]

大都市区（Metropolitan Area）的概念最早源于美国，是一种以“通勤”联系和“分工”协作为基础、由“中心城市”和“郊区”共同构成的新的空间形态[③]。

此外，在美国研究城市的文献中，还先后出现过城市通勤范围（commuting field）、功能区（functional regions）等概念，道萨迪亚斯的日常城市系统概念也有采用。在美国，由于城市化的迅速发展，整个国家于20世纪60年代已经可以说被完全城市化了[④]。随着城市边界的悄然消失，讨论“城市形态”已没有实际意义。

日本于1950年和1960年先后提出“都市圈”和“大都市圈”（Metropolitan Region）概念[⑤]。

（3）大都市连绵带

大都市连绵带是法国地理学家戈德曼（Jean Gottmann）1961年提出的，是指若干大都市区首尾相连形成的连绵地带。并指出美国已形成的三大都市连绵带。

小结

城市是一个微观概念，城市场、都市区、都市圈、城市区域等构成了中观层面的概念，而大都市连绵带则构成了宏观层面的概念。

① “a vast multi-centered region having relatively low density, whose form evolves from a finely articulated network of social and economic linkages.”

② JOHN FRIEDMANN，The Urban Field as Human Habitat，from S.P. Snow, ed. The Place of Planning (Auburn, Ala,: Auburn University, 1973).;转引自L.S. Bourne/ J.W. Simmons编systems of cities, Oxford University Press, New York, 1978，第42～44页。

③基于对这一空间区域人口统计的需要，美国最早于1910年使用了（大都市区）概念。规定大都市区包括一个10万人口的中心城市及其周围10英里以内的地区，或者虽超过10英里但与中心城市连绵不断、人口密度大于150人/平方英里的地区。1949年，其标准调整为中心城市的人口达到5万人，郊县非农业劳动力达到75%以上。并将这种统计区正式定名为“标准大都市统计区”(Standard Metropolitan Statistical Area，简称SMSA)。80年代初，对大都市区界定标准的一个重要修订是：即使没有中心城市，若某区域总人口达到或超过10万，其中5万以上居住在人口普查局划定的城市化区域中，也可划为大都市区，并将SMSA更名为“大都市统计区”(Metropolitan Statistical Area，简称MSA)。同时还定义人口在百万以上的MSA中，可进一步划分“主要大都市统计区”(Primary Metropolitan Statistical Area，简称PMSA)，而包含PMSA 的大都市复合体，又可称之为“联合大都市统计区”(Consolidated Metropolitan Statistical Area，简称CMSA)。

2. 宏观层面的概念积累

区域或城镇体系研究构成城市规划领域的宏观思维，先后出现了以下理论：

（1）中心地理论

德国城市地理学家克里斯泰勒(W. Christaller)1933年在其博士论文《德国南部的中心地》中提出中心地理论(Central Place Theory)。该理论的核心概念是：中心地的等级层次结构。即：城市是其腹地的服务中心，根据所提供服务的不同档次，各城市之间形成一个有规则的等级序列关系。

"中心地理论"仅仅研究了"农业地区[⑥]"的服务中心布局规律，不适用工业时代的城市体系组织模式。

即便德国自己，为了应对工业化，也抛弃了中心地体系，建立了著名的"莱茵–鲁尔工业区"。

虽然中心地理论具有很大的局限性，但作为宏观层面区域思维的形成，是一个很好的入门必读。但若仅止于此，便要误事了。

（2）序列–规模理论

1913年奥尔巴赫（F.Auerbach）研究了5个欧洲国家和美国的城市规模分布，提出了"序列–规模法则"，用公式表示为：Pi=P1/Ri,即一个城市的规模等于最大城市规模除以该城市的位序，例如最大城市100万人口、则第2大城市为50万人口、第3大城市为33万人口……哲夫（G.K.Zipf）在1949年对其进行了修改，提出了通用公式：

PiRiq=P1 或Pi=P1/Riq

其中，Pi为第i位城市人口规模，P1为首位城市人口规模，Ri为位序，q为常数。

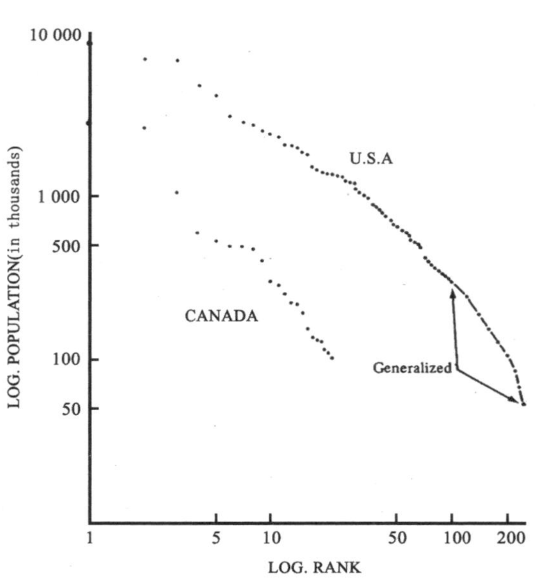

Rank-size relationships for the 243 SMSA's in the United states, 1970; and the 22 CMA's in Canada, 1971

图21：Zipf所做美国SMSA和加拿大CMA位序–规模分析（图中的每一个点都相当于我国的"许多"城镇。用这一理论来计算我国的城镇体系规模，实属不妥。）

这一公式与中心地理论虽然没有任何关系，但也被作为我国城镇体系的理论基础之一，颇令人费解。该公式对我国城镇体系等级规模思想的形成具有重要作用。

④ Berry, 1973 suggested that the nation could be treated, for most purposes, as fully urbanized. 引自JAMES W. SIMMONS and LARRY S. BOURNE Defining Urban Places: Differing Concepts of the Urban System，systems of cities, 第34页。

⑤ 1950年日本行政管理厅对"都市圈"的定义是：以一日为周期，可以接受城市某一方面功能服务的地域范围，中心城市人口规模须在10万以上。1960年提出的"大都市圈"概念则规定："中心城市为中央指定市，或人口规模在100万人以上，并且邻近有50万人以上的城市，外围地区到中心城市的人口不低于本身人口的15%，大都市圈之间的货物运输不得超过总运输量的25%。"

⑥"……当然，这不过是对以农业为主的区域人口的大致估计。"见[德]沃尔特·克里斯塔勒《德国南部中心地原理》，北京，商务印书馆，1998年5月，P83。

但是，这一公式中的“城市人口”概念所指的“城市（urban）”是美国的SMSA（标准大都市统计区）或加拿大的CMA（大都市区）①，是高级阶段的“城市”概念，与我国的“城镇”完全不是一回事。一个大的SMSA大致可以相当于我国的若干个地级市。

美国的一个SMSA或加拿大的一个CMA中包含许多“城、镇”，人口在各城镇间交叠流动，很难以城镇为单位进行统计，所以才发明了所谓的人口“统计区”。而我国用这一理论来“计算”各城镇的规模，实属不妥。而且，它对数据的排列方法打乱了样本点的实际组合结构，是依据规模大小的纯数学“排序”，像洗牌一样，牌与牌之间没有任何关系，基本是一种数学游戏。例如哈尔滨、长春的非农人口排在长三角城市杭州之前，如何解释？长三角城市上海、苏州、无锡、杭州、南京等按规模排列会被拆解得七零八落。所以，打乱了实际结构，没有任何意义。

虽然有诸多费解之处，但这种在全国范围研究人口布局规律的思路对形成“国家系统”概念提供了积极的帮助。

（3）点轴理论

“点轴理论”是一种多理论结合的产物，包括佩鲁的增长极理论、松巴特的轴线理论，其深层次理论背景似乎还应包含“中心地”理论的潜在影响。

这一理论启发了超出传统城市局限构建巨大空间系统的思路，是国家系统概念的重要铺垫之一。

（4）“地域生产综合体”理论

“地域生产综合体”是苏联计划经济条件下区域形态的重要理论探索，对市场经济条件下的城市群体组织形式有一定的参考价值。该理论是对大尺度结构的有益探索。

（5）核心–边缘理论

美国规划学家弗里德曼(J. Friedmann)1966年首次提出，其关键思想是“集聚思想”，即创新和发展在空间上不是均匀分布的，而是相对集聚形成核心区。这一思想与中心地理论完全不同。

这一思想具有重要的理论价值，但可能因我国国情不同（城镇体系背景）及与我国理论界的基本认识论不一致，因而未得到应有的重视。但对形成国家系统概念却是一个重要的推动。

（6）世界城市理论

20世纪后期，随着经济全球化和后工业化时代的到来，西方理论界开始研究“世界体系理论”，构建了由世界级城市、跨国级城市、国家级城市、区域级城

① Maurice Yeates, Barry Garner: the North American City, 3rd ed., Harper & Now Publishers, 1980, P66.

② 张京祥《城镇群体空间组合》，2000年3月，第12页9~13行。

③ 见L.S. Boure, J.W.Simmons编著的Systems of Cities第9页：“In 1964 Brian Berry proposed a formal link between urban population dis tributions and the hierarchy of service centers (the central place hierarchy) and linked these to the language of general systems theory; the terminology of urban systems became official.”20世纪60年代系统科学的发展还处在一般系统论阶段。

市、地方级城市构成的世界城市体系[2]。

该理论建立了一个全球层面的城市体系结构，对城市宏观结构思想的形成具有重要的帮助。

（7）国内理论界的研究

国内研究按时间先后大致形成了三大领域，城镇体系、城市群、都市区等。

①城镇体系（或城市体系）、全国城镇体系　“城镇体系”一词源于英文Urban system，由美国学者贝里（B· Berry）于1964年提出，直译应为“城镇系统”，国内译为“城镇体系”。原文作者贝里的本意也应是“城镇系统”，因为他所依据的理论基础是“一般系统论”[3]，而不是“体系论”。

“体系”和“系统”不尽相同。如思想体系（社会主义初级阶段理论和共产主义理论是一个体系但非一个系统）、防灾体系（防洪、防震、防火、防空等是一个体系但不是一个系统）。

我国“城镇体系”研究始于对“中心地”理论的译介（严重敏，1964年）。可以说，中心地理论、序列-规模理论和点轴理论构成了“城镇体系”理论的基石，其中“中心地”理论占据核心地位。

由于中心地理论是对农业地区的研究成果，因此，用它来指导我国今天的城镇体系研究和规划是极不合适的。（其后果是：用一个落后的城镇体系套住一个要向高级阶段跃进的生产力体系，导致新结构无法创生，整体结构无法进化。仿佛削足适履）

其次，由于“城镇体系”的认识论仅仅满足于发现了城镇间的“联系[4]”、而对“联系”后的一系列后续动作未做追究，因此没有实际指导意义（如人口的迁移、空间的不均衡变化、产业的细分、产业链的延长、产业集群的发育等会导致原有体系的崩溃）。所以，“城镇体系”的认识论也没有形成以生产力进步为依据的“发展”的观点，并始终无法摆脱以“城市”作为体系构造的基本单元的“传统城市观[5]”和农业时代的“简单体系观”，所以难以认识高级复杂系统。

因此，我国城镇体系的基础理论研究几乎为空白[6]。

在这样的背景下，城镇体系概念继续向上延伸形成了“全国城镇体系”概念，这在空间尺度上是一个巨大的突破，成为“国家系统”概念诞生的直接诱因。

②城市群　我国对城市群的研究始于20世纪90年代初，地理学界和规划界都有相应的研究。

地理学界的研究主要集中在对一些特定的城市群的概念、基本状况、功能、产业、判定标准、地域结构特征、发展演化规律等的研究。

④ 所谓联系，是指各城镇在三大结构（“等级规模结构、职能结构、空间结构”）中的定位，其中“等级”概念暴露出潜意识中的“中心地”思想。农业时代的中心地有等级结构是对的，但工业时代的产业链、产业群间只有前后向、上下游或平行链、网络组等关系，找不到“等级”结构存在的依据。因此，只要存在等级规模结构，就已经限制了其他结构的创新。

⑤ 城市要素剥离出来形成各种独立的功能体、或组成更大尺度的功能网、或出现交叉型结构，在传统城市观看来都是不可思议的。传统城市观一定要把一个都市圈或连绵带拆分成若干城镇才能理解，而都市圈或连绵带中有许多非城市型功能体、功能网等，按传统城市观又无法拆解下去。

⑥ 我国学术界在城镇体系的基础理论方面没有什么突破性进展，总体来说，还主要是对国外理论的引进介绍和实验应用。”引自邹军、张京祥、胡丽娅编著《城镇体系规划：新理念、新范式、新实践》，南京：东南大学出版社，2002年7月，P9。

规划界近来在城镇体系规划的基础上结合城市群、都市圈等的规划开展了相应的研究工作，如江苏省三大都市群、哈尔滨都市圈、闽江口城镇群等。主要研究内容包括空间组织、产业布局、基础设施、生态环境保护、管治与协调等。

城市群是具有中国特色的“城市-区域”形态。由于市场经济的发展，某些区域的城市呈现出快速发展的态势。又由于中国特有的城市规划制度和行政建制，使得区域层次的发展只能以“城市”为单元，因而形成“城市群”，但它是否受到现行城市制度的束缚而制约了更大潜在优势的发挥，值得深入研究。

③都市区、都市圈　我国学者借鉴国外都市区、都市圈的定义，提出了自己的定义。周一星认为我国的都市区是由中心城市（城市实体地域内非农人口在20万人以上）和外围非农化水平较高，与中心城市存在着密切社会经济联系的邻接地区两部分组成的城市地域。

这是两个内涵比较接近的概念，对“新城市观”的形成和高级城市系统理论的研究具有重要的推动意义。

小结：

城市群、都市区、都市圈、城镇体系等概念在中、微观尺度上诱发了对国家系统基本空间单元以及基本结构关系的思考，使我们能够突破传统的城市概念，看到丰富多彩的演化形式，进一步导致更为抽象的概念生成，包括“层级”和“进化”，后文论述。

3.城市规划实践层面的反思

城市规划实践的若干关键问题，都将思维的尺度引向国家层面：

①人口的预测：大量的流动人口导致城市规模的预测很难准确，而且人口在国家层面的流动已成为一个突出问题。

②空间结构问题：空间结构必须与现代生产方式相吻合，现代生产力要求经济要素以及人口的大尺度集聚，这不是传统城市体系能够适应的。大尺度的空间结构调整，只能由国家来做（仅仅靠规划好长、珠三角等，并不等于规划好了国家系统）。

③城市化与城镇体系：传统的体系脱胎于农业社会，城市均匀分布，这不能支撑起现代生产力体系。农民即便进城也是没有什么进步意义的城市化。现代生产力要求城市或城市要素、经济要素及人口的大尺度集聚，这必然涉及农田保护布局的调整、城镇体系思路的革新，而这也只能由国家来做。

4.重要的理论探索

（1）人类聚居学：Ekistics

20世纪50年代希腊建筑师道萨迪亚斯（C.A. Doxiadis）引入系统观念创立了“人类聚居学[①]”（Ekistics）。他定义人类聚居是：“人类为了自己的生活居住而使用或建造的任何类型的场所，它可以是自然的（如洞穴）或人工建造的（如房屋），临时性的（如帐篷）或是永久性的（花岗石建造的庙宇）。它们可以是简单的，如农村中一栋孤立的房子，也有的是很复杂的综合体，如一个大都会。[②]”

道氏提出了人类聚居的基本组成元素[③]：即自然界(Nature)、人(Man)、社会(Society)、建筑物(Shells)、支撑网络（Networks）。“五项元素之间互相联系形成了人类聚居，这是人类聚居学的全部内容。”

道氏按照人口的对数级（logarithmic scale）把人类聚居划分出15个单位，它们分别是[④]：个人、居室、家庭、居住单元、小型邻里、邻里、小镇、城市、大城市、大都会、城市组团、大城市群区、城市地区、城市洲、全球城市。道氏进而把这15个人居单位划分为三个层次：从个人到邻里是第一个层次，是小规模的；从城镇到大都会是中等规模的第二个层次；后五项是大规模的，属于第三个层次。

表 4：道萨迪亚斯按对数等级所做的人居分类[⑤]

聚居单位	1	2	3	4	5	6	7	8	9	10	11	12	13	14	15
人口范围			3～15	15～100	100～750	750～5000	5000～3万	3万～20万	20万～1.5M	1.5M～10M	10M～75M	75M～5亿	5亿～30亿	30亿～2百亿	>2百亿
聚居名称	人	房间	房子	居住单元	小邻里	邻里	小城镇	城镇	大城市	大都会	城市组团	大城市群区	城市地区	城市洲	全球城市
人口规模	1	2	5	40	250	1500	1万	7.5万	50万	4M	25M	150M	10亿	75亿	5百亿

说明：道氏采用人口的对数值来对不同规模的人类聚居进行分级，这是一种线性思维方式。

道氏关于人类聚居学集大成的体现是他在20世纪70年代创立的“人类聚居模型”，他把五项元素、15个聚居单位和10个时间变量、10个评价因子等，用二维表格的形式纵横结合，所建立的人居网格模型达到1亿个节点[⑥]（图 22）。

“聚居论”是一个基本理论[⑦]。道氏的重大贡献在于他提出了“聚居”概念，开创了以人类聚居为对象的新的研究领域，奠定了人居理论的重要基础。但道氏对

① “Ekistics is the science of human settlements.”——C. A. Doxiadis, Ekistics, Aug.1967, P131

② C. A. Doxiadis, Ekistics,1967(8),P131

③ C. A. Doxiadis, 1964, The ekistics elements and the goal of ekistics,from Ekistics, the science of human settlements,Ekistics197, Apr. 1972.

④ C. A. Doxiadis, 1965, The ekistics units and the ekistic grid, ,from Ekistics, the science of human settlements, Ekistics197, Apr. 1972.

⑤ C. A. Doxiadis, Action for human settlements, Ekistics, 241, December, 1975.

⑥ C. A. Doxiadis, Ekistics, 247, June, 1976

⑦ 吴良镛：《人居环境科学导论》，北京：中国建筑工业出版社，2001年10月，第16页。

系统论的理解带有时代的局限性，其理论模型缺乏基本的层次关系，以至于过于庞杂，难于应用。吴良镛先生认为：“道氏理论由于体系庞大、往往难以抓住问题的核心，并留有一些机械的线性思维的痕迹。[①]”周干峙院士认为：“由于历史条件的局限，道氏对学科框架、系统、层次以及某些定理的设想，还不足以具有普遍性。[②]”从系统科学发展的时间表可以找到问题的症结。

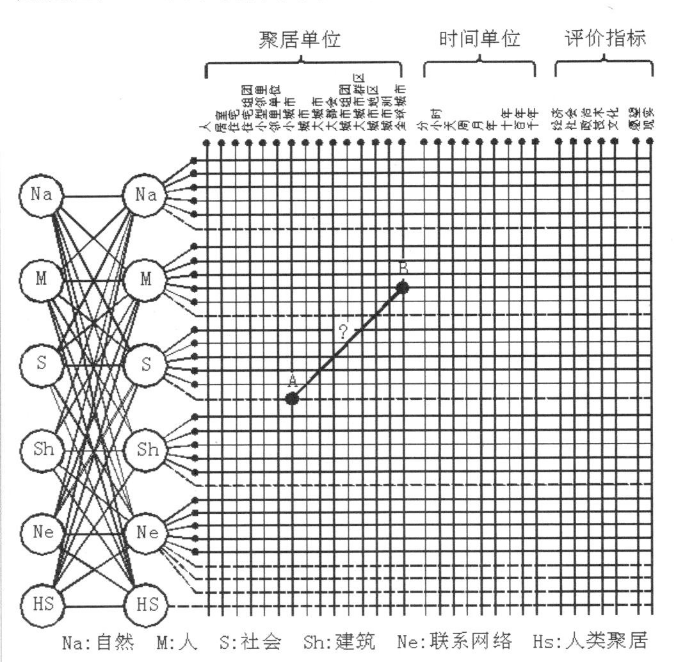

图 22：人居网格模型局部[③]

系统论虽然产生于20世纪40年代，但较完整的系统科学却形成于70年代以后。道氏创立人类聚居学的年代，正好在系统科学发展的断层时期。从表 5看，人类聚居学不仅诞生在系统科学发展的时间断层期，而且处在系统科学从简单、线性、平衡系统到复杂、非线性、非平衡系统转变的结构断层中，因此当时的系统科学未能给人类聚居学提供有力的理论支持。

道氏的贡献，在于他跳出传统“城市”概念的束缚，提出了人类聚居的概念，并提出了15个聚居层次，构建了从微观到宏观的多层次、大尺度研究框架，这是创造性的拓展。

1945年，贝塔朗菲（V.Bertalanffy）	(狭义)一般系统论	简单、平衡系统 ↑
1948年，维纳（N. Wiener）	控制论	
1948年，申农（C. E. Shannon）	信息论	
人类聚居学形成于系统科学发展的时间断层和结构断层 →	断层	
1968年，贝塔朗菲（V.Bertalanffy）	广义[④]《一般系统论》	复杂、非平衡系统 ↓
1969年，普利高津（I. Prigogine）	耗散结构理论	
1969年，哈肯（H. Haken）	协同学	

① 吴良镛：《人居环境科学导论》，第19页，2001年10月。
② 吴良镛：《人居环境科学导论》，序言第10页第18–19行。
③ 资料来源：根据C. A. Doxiadis, Ekistics, Dec.1975, P241图1：the total Anthropocosmos model整理。
④ [美]贝塔朗菲著：《一般系统论的基础、发展与应用》，林康义,魏宏森译，北京：清华大学出版社，1987年，第四章。

1972年，托姆（R. Thom）	突变论	复杂、非平衡系统 ↓
1973年，贝塔朗菲（V.Bertalanffy）	《一般系统论》修订版	
1973年，曼德勃罗(B.B.Mandelbrot)	分形	
1979年，艾根（M. Eigen）	超循环论	
60−70年代，洛伦兹（E.N.Lorenz）等	混沌	
80年代后，钱学森	开放的复杂巨系统	

表5：“平衡系统”与“非平衡系统”分类

系统论、控制论、信息论（老三论）	分水岭	耗散结构论、协同学、超循环理论、突变论、混沌、分形
平衡系统（静态）		非平衡系统（动态）

图23：系统理论发展的分水岭

（2）人居环境科学

2001年，吴良镛先生在总结多年人居研究工作的基础上，出版了《人居环境科学导论》。吴良镛先生认为[5]：“人居环境，顾名思义，是人类的聚居生活的地方。”人居环境包括五大系统，即“自然系统、人类系统、社会系统、居住系统、支撑系统”等（道氏提出人类聚居的5个基本组成元素为：自然界(Nature)、人(Man)、社会(Society)、建筑物(Shells)、支撑网络（Networks））。就级别而言，人居环境包括全球、区域、城市、社区（村镇）、建筑等五大层次（道氏把人类聚居划分出15个单位：个人、居室、家庭、居住单元、小型邻里、邻里、小镇、城市、大城市、大都会、城市组团、大城市群区、城市地区、城市洲、全球城市）。

吴良镛先生引用钱学森院士及其合作者对“开放的复杂巨系统”的研究成果，将“开放的复杂巨系统”概念引入人居环境科学，将开放的复杂巨系统的特点归纳为：“系统组成之巨大，系统组成之间的相互作用之复杂、系统与外界联系之广泛、开放以及系统构成的层次性。”吴先生认为，人居环境和人体、社会等系统一样，组分十分庞大，相互制约、相互影响的因素很多，从来是十分困难的问题。[6]

与道氏的“人居网格”模型相比，吴先生提出的“开放的复杂巨系统”思想无疑是一个进步，但仅仅停留于“思想”还远远不够。

（3）认识论的进步与人居系统概念的提出

系统科学发展至今已渐趋成熟，其在城市规划领域的应用虽历来具有滞后性，但也已逐渐走向科学（表6）。

⑤ 吴良镛：《人居环境科学导论》，第2章，2001年10月。
⑥ 吴良镛：《人居环境科学导论》，北京：中国建筑工业出版社，2001年10月，第104页。

表6：系统论的发展过程与现代城市规划领域重要事件的时间比较

时间	系统论发展的重要事件	城市规划领域的重要事件（系统思想有滞后性）
1920年代	系统思想在酝酿	
1933年		《雅典宪章》：简单系统观
1934年	系统论萌芽《现代发展理论》	
1960年代	1968年《一般系统论》发表 1969年耗散结构理论提出 系统论开始受到重视	“城镇体系”（urban system），突破城市的局限
1970年代	协同学、超循环论、突变论、混沌理论、分形理论、巨系统理论先后提出	1977年《马丘比丘宪章》：提出了整体和联系的思想
1980年代	复杂巨系统、开放的复杂巨系统理论提出	
1990年代	复杂性问题	“开放的复杂巨系统”[①]概念(突破城市的局限)
21世纪初		吴良镛：《人居环境科学》——开放的复杂巨系统(突破城市的局限)

在科学的认识论指导下，“人居系统”概念得以形成[②]。“人居系统”[③]是由城、镇、乡、村、厂矿企业、社区、建筑、各类功能区等所有人居形态组成的系统，它并不仅仅是一个“居住”系统[④]，而是包含了人类生产、生活的全部内容在内的、涉及社会、政治、经济、文化等诸多方面的复杂系统。

人居系统理论研究形成了重要的“层级进化”思想，即：人居系统从低级结构向高级结构的演化是一种进化，进化的结果将涌现出新结构。新结构并不是原有结构的简单加和或延伸，这是人居系统理论的核心思想[⑤]。

以层级进化思想为基础，形成了人居系统的层级进化图谱（图24）：

对上图多球系统的解释：一个跨国公司、一个国家都可以有自己的全球系统，多个这样的全球系统构成结构丰富的多球系统。

国家系统是在整合了“全国城镇体系”、“人类聚居”、“人居环境”、“人居系统”等概念群基础上形成的新概念，在人居图谱中位于第4个层级[⑥]（图24）。

① 周干峙《城市及其区域——一个开放的特殊复杂的巨系统》，载《城市规划》1997（2）

② 罗志刚《人居环境系统的层级进化特征初探》，清华大学博士论文，2003.6。

③ 研究早期也称做人居环境系统，因笔者当时在清华大学做博士研究，受到“人居环境科学”、人类聚居学的启发，借用了“人居环境”的词语，但其中的“环境”实际是个虚词。后来在同济大学做博士后研究改用了“高级复杂城市系统”的术语。

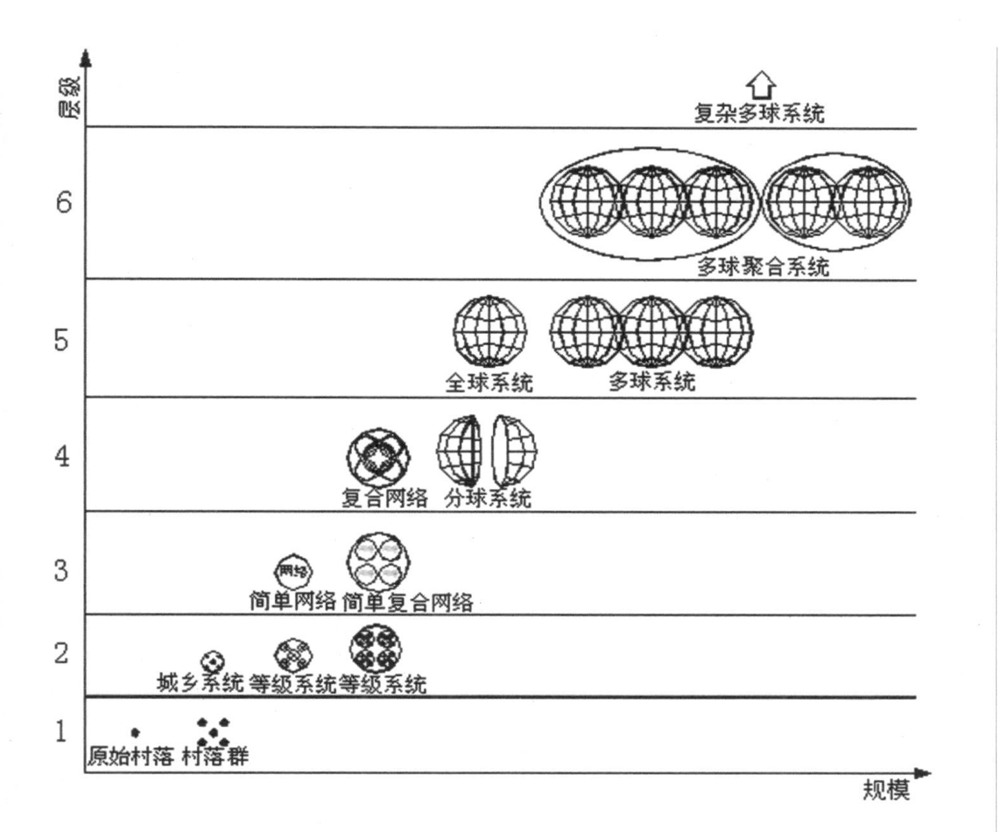

图24：人居系统宏观形态的层级进化规律⑦

二、国家系统的认识论

1.关于城市观

国外理论界已较好地完成了“城市”概念的革新。传统的“城市”概念已变得“陈腐不堪”，一系列新概念（如：城市场、都市区、都市圈、大都市连绵带等）已取代了传统概念，形成了新的城市观。而国内目前仍是传统的“城市”观占主导地位，并受法律及现行行政体制的约束确保了这种城市观的主导地位。（图 25所示的美国波士顿128号公路科学综合体将大波士顿地区的20多个城镇连成一条产业带，该产业带算不算一座城市？）

城市概念的革新——该综合体将大波士顿地区的20多个城镇连成一条产业带，该产业带算不算一座城市？（资料来源：沈玉麟：《外国城市建设史》，北京，中国建筑工业出版社，1993年，第230页。）

新旧城市观的主要区别是：传统城市基本是一种单体形态，新城市观多表现为复合形态。从低层级看（单从城市个体看），新旧城市观似乎没有太大区别，主要区别表现在高层级。“城镇体系”和“都市圈”有着质的不同；“全国城镇体系”

④《人居环境科学导论》一书开篇口号即为“我们的目标是建设可持续发展的宜人的居住环境”；书中定义人居环境“是人类的聚居生活的地方……是人类利用自然、改造自然的主要场所”。见吴良镛：《人居环境科学导论》，北京：中国建筑工业出版社，2001年10月，第38页。从吴良镛的多篇文章看，对“人居环境”的定义并不清楚，“人居环境”或“居住环境”似乎是一回事，两者都不等于城市系统，也不等于人居系统，这是值得研究者注意的。

⑤ 笔者提出的“人居系统理论”与吴良镛先生的“人居环境科学”有着很大的不同。前者研究的对象是“人居系统”或城乡系统，后者阐述居住环境但论述尺度远远超过居住尺度；前者研究的内容是人居系统的发展变化，后者的内容主要是学科构成框架；前者主要受“超循环论”、“突变论”等启发形成了城乡规划领域的进化、突变思想，后者较多地引用、介绍了道萨迪亚斯的学说，并有很多道氏学说的影子。

⑥ 罗志刚《人居环境系统的层级进化特征初探》，清华大学博士论文，P98，2003.6。

⑦ 罗志刚《人居环境系统的层级进化特征初探》，清华大学博士论文，2003.6。

图25：波士顿128号公路科学综合体

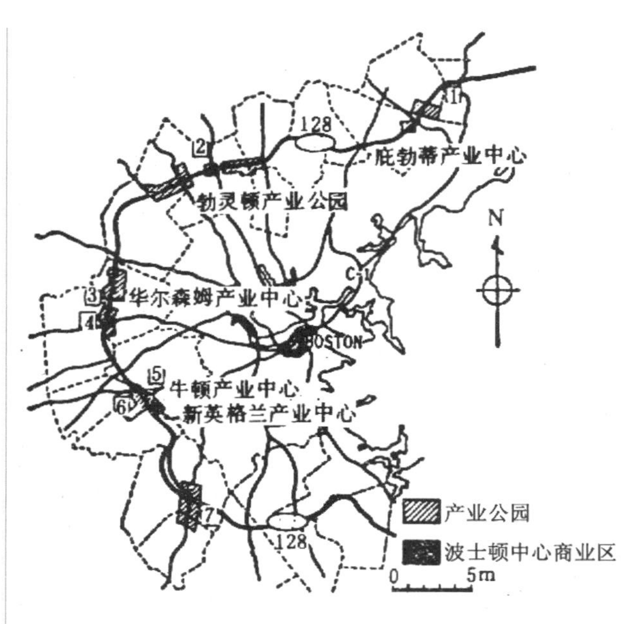

和“大都市连绵带”也有着质的不同。

2. 关于系统观[1]

以系统观为指导涉及以下几种认识方式：

分解观或原子观：以分析、认识一个个城镇为主要思维方式。一个个城镇加起来就是城镇体系，这种思维方式不允许城镇消亡。按这种思维，农业时代的城镇体系是可以发展工业的、内陆城市也是可以对接全球经济体系的——当然可以，但涉及效率问题、规模经济等多方面问题。

组织观：以发现整体关系和内部组织结构、并对其进行优化调整为目的。对城镇体系加以组织，这一思维模式允许淘汰某些城镇、相反也可以强化、拓展某些城镇或地带。“组织”的结果是产生新结构。组织观与非组织观的差别在于新结构的“变”与“不变”。

我国规划界对分解观并不陌生，但对组织观缺乏认识。如何把一个个城市组织成更大更有效的系统（全国城镇体系）？若没有科学的认识论指导简直无从下手。

3. 关于发展观

城市系统是发展的，对这种发展变化的根本性认识——即发展观——是本领域认识论中最高层面的哲学思维。

历史唯物主义认为，生产力是最活跃最革命的因素。物质生产力的不断发展是“整个社会生活以及整个现实历史的基础”[2]，是“一切社会变迁和政治变革的终极原因”[3]。

我国城市规划界的发展观基本是一种量变观，缺乏对质变的思考。我国已进入生产力的巨大变革时期，国家结构的质变是必然趋势。

①参阅：Edgar S.Dunn, Jr. :THE DEVELOPMENT OF THE U.S. URBAN SYSTEM(I), by the Johns Hopkins University Press/ Baltimore and London, 1980, P5～33.

② 马克思《资本论》第1卷第204页。

③《马克思恩格斯选集》第3卷第741页。

第三章　国家系统的结构演化史

一、概要

自国家诞生以来，国家系统的演化形成了由单细胞城乡结构、中心地结构、集聚+均布结构、超空间大网络结构四大结构形式构成的演化序列。

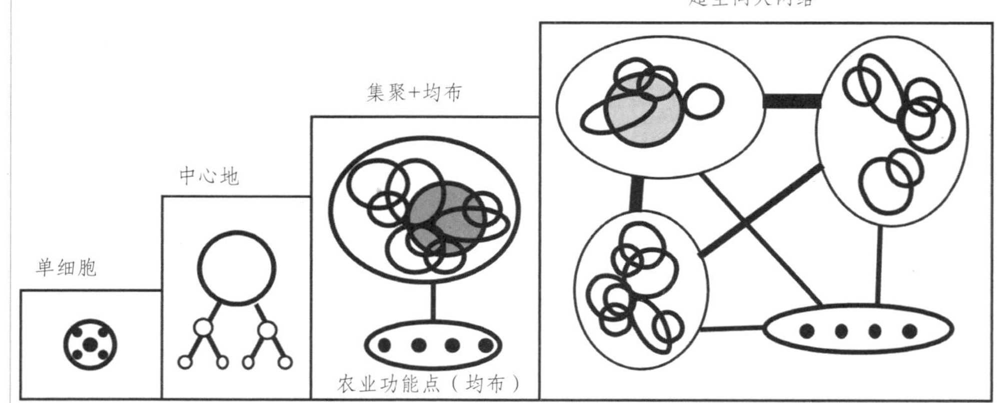

图26：国家系统结构演化谱系（注意集聚结构出现了交叉关系，如都市圈的通勤量）

各结构要点：

①单细胞城乡结构：诞生于农业时代，城乡间结成手工业——农业互相依赖关系。由于农业生产依靠大地，所以要均匀分布。

②中心地：诞生于农业时代，城市根据“提供服务”的范围形成等级关系。城市为农村服务、高级城市为低级城市服务，因此城镇体系既均匀、又有等级。

③集聚+均布：诞生于工业时代，传统农业和传统农村解体、农业依靠均布型功能点完成（如家庭农场），中心地体系崩溃；社会化大分工要求城市要素集聚，城市分布遵循交通便捷原则、而非中心地原则。

④超空间：诞生于信息时代，传统集聚结构在大区域甚至全球范围出现功能分化和结构重组，形成超空间大网络结构。如跨国公司总部聚集地、研发基地、制造业基地等。

低级结构向高级结构进化的共同特征是结构重组：

①由单细胞到中心地：单细胞之间是“无结构”，从“无结构”到“等级结构”是一次突变；

②由中心地到集聚结构：传统农业生产方式被取代，中心地体系的基础不再存在，于是中心地体系崩溃，整体结构重建。

③由集聚结构到超空间结构：集聚体发生功能分化，形成网络结构。

重要提示：中心地体系并非永远有效。我国要实现工业化，必须废除中心地体系的主导地位。

二、农业时代初期的国家系统——单细胞结构

最早、最简单的国家系统是单细胞结构：以城镇为核、由城镇与周边乡村共同构成单细胞结构。

1.结构原理

手工业和农业的分离催生了早期的城市，而手工业和农业的相互依赖又使城市和乡村间形成紧密的互补协作关系，从而奠定了“单细胞”结构的基本存在依据。

2.结构实例

（1）古埃及的“诺姆国家”

古埃及奴隶制发展的早期（约公元前3300年），“沿尼罗河两岸陆续形成了一些国家，各国都是以一个城镇或城市为其中心”，这些小国被称为“诺姆国家”。[1]

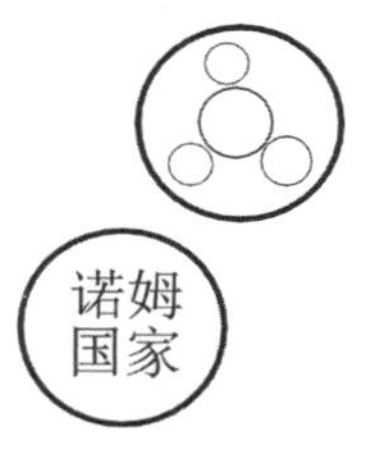

图27：单细胞结构

（2）古希腊的“城邦”

公元前800年前后，希腊各地纷纷组成以一个城市或较大村镇为中心，包括附近若干村落的奴隶制小国，历史上称为希腊城邦或城市国家（polis），其特点是小国寡民。“最大的城邦斯巴达面积也只有8 400平方公里，人口总计约40万。雅典为2556平方公里，人口最多时约40万。”[2] 在城邦形成过程中，希腊人通过大规模的殖民运动把城邦形式扩散到南至北非，西到意大利、伊利里亚、西西里、西班牙和法国，北到普罗朋提斯海和黑海的广大地区，“到公元前750年左右，希腊世界便为数以百计的城邦覆盖 。”[3]

三、农业时代中后期的国家系统——等级结构

1.结构原理

农业时代的基本生产活动是“依靠土地进行农业生产”。因此，存在一条基本的自然法则，即：一定的土地养活一定的人口。

由于对土地的高度依赖性以及土地和人口之间存在严格对应关系，导致农业时代人居体系的基础单位——村庄或农户——遵循一条基本的布局准则：即“在大地上均匀分布”。

分田的原则是将公路网构成的方形地块分成方块形农田（图中方格为田埂）。每块地分给一个人或几个人耕种；而公元前329年在泰拉奇纳殖民地这么大的一块

①朱龙华著：《世界古代史——上古部分》，北京大学出版社，1991年12月，第71～78页。
②朱龙华著：《世界古代史——上古部分》，北京大学出版社，1991年12月，第71～78页。
③朱龙华著：《世界古代史——上古部分》，北京大学出版社，1991年12月，第354～355页。

图28：一定的土地养活一定的人口——古罗马明图尔诺（Minturno）的“百人分地”。①

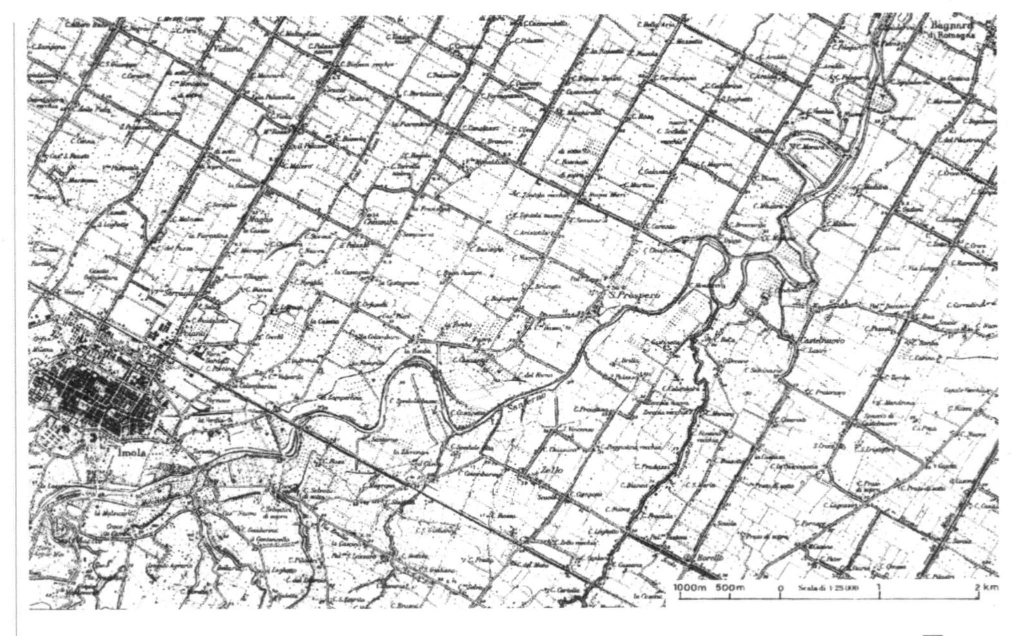

图29：有固定远程销售关系的古罗马农庄(Ville Rusrica)局部模型图和总平面图——商品交换构成了农业时代城镇体系的基础。图片来源：[意]贝纳沃罗著《世界城市史》P254

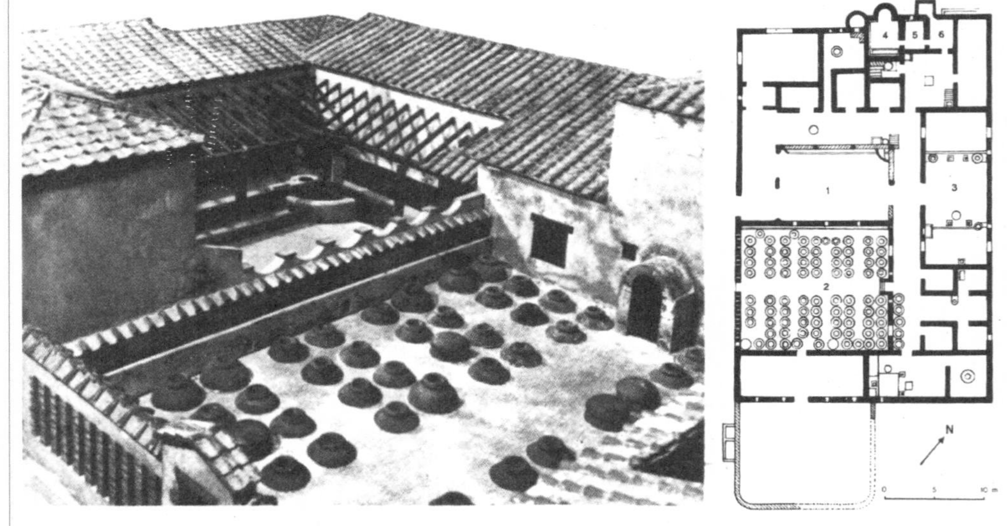

图30：中心地理论模型

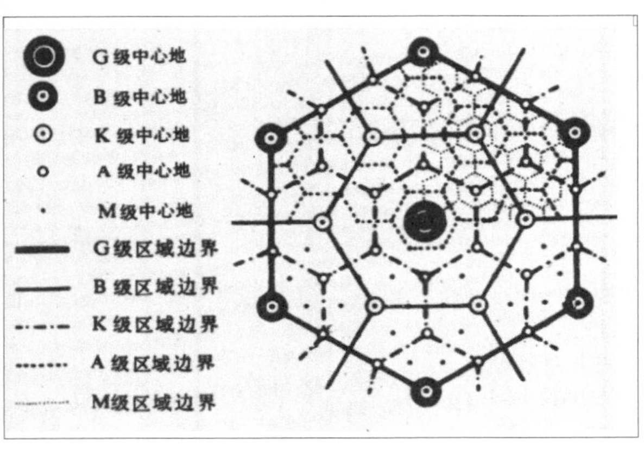

土地甚至要分给100个移民。

随着农业生产力的发展、剩余产品增加，商品流通开始发展，于是城市又具有了商品交换职能。根据所提供商品的种类和市场范围，城市自然形成了等级。这就产生了严格的等级体系结构。克里斯泰勒所做的“德国南部的中心地研究”是等级结构的极好例证（见图 30[②]：中心地理论模型的M－A－K－B－G级中心地的等级分布形态[③]）。

2.结构实例

（1）古埃及的等级结构

古埃及统一“南北各诺姆国家从盟邦转变为中央管辖下的地方行政机构——真正的‘州’，原来各小国之王现在则逐步以中央任命的州长代之，并增设中央或全国性的统治机构[④]”，从而建立了统一的王朝。

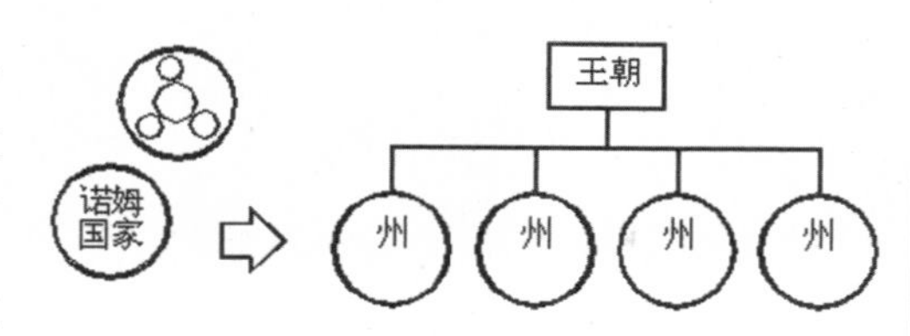

图31：古埃及国家结构分析图

依据上述史实，可以作出古埃及人居环境的系统结构如图 31。

（2）古代西亚的等级结构

古代西亚的苏美尔文明在公元前3500~前3100年进入了国家萌生和城邦形成时期。苏美尔的城邦形式表现为围绕着中心城市形成“中心市镇、小镇、农村的格局。……这是国家组织代替氏族部落的一种表现[⑤]”。考古发现这种聚居组织形式有一种逐级递进的规律（见表 7）。

表 7：乌鲁克城邦构成体制及其演化表

时间	农村	小镇	中心市镇	首邑
公元前3500年	17	3	1	0
公元前3200年	112	10	1	0
公元前2900年	124	20	20	1

资料来源：亚当斯与尼森：《乌鲁克的农村》1972年英文版，第18页。研究者将面积在0.1~6公顷的遗址归于“农村”一级，6.1~25公顷为“小镇”，50公顷以上为“中心市镇”。转引自朱龙华著《世界古代史——上古部分》第157页。

从表 7可以看出，公元前3500~3200前年间，农村和小镇的增加相当快，300年间增加了5倍。而公元前3200－2900前年间，农村数目增长很少，中心市镇却增长迅速，并产生了作为首都的都市。

自公元前2900年，苏美尔进入王朝时代，先后经历了阿卡德王国及乌尔第三王朝，但“各帮分立的局面贯穿始终[⑥]”。

巴比伦王国时期，汉莫拉比国王“把中央集权统治发展到空前的程度，他事必躬亲控制国家政务……通过专治王权的加强，古巴比伦的社会经济与文化无疑也获得进一步发展”（同上，第185页）。

①[意]贝纳沃罗《世界城市史》，第251页。

②著者克里斯塔勒·W.，常正文，王兴中译《德国南部中心地原理》，北京商务印书馆，1998。图4。中心地理论的创始者沃尔特·克里斯塔勒承认：中心地理论“不过是对以农业为主的区域人口的大致估计”。（见[德]《德国南部中心地原理》，北京，商务印书馆，1998年5月，第83页）

③克里斯塔勒·W.著，常正文,王兴中等译《德国南部中心地原理》北京：商务印书馆1998，第82页。

④朱龙华著：《世界古代史——上古部分》，北京大学出版社，1991年12月，第71~78页。

⑤朱龙华著：《世界古代史——上古部分》，北京大学出版社，1991年12月，P157。

⑥朱龙华著：《世界古代史——上古部分》，第160页。

图32：亚述浅浮雕中所描述的城市生活场面。贝纳沃罗《世界城市史》，第29页

亚述帝国时期，国王提格拉特—帕拉尔三世“划省而治……建立驿站联网通邮”，到公元前738年，帝国全境省区达80个，使帝国统治逐渐走入正轨（同上，第195-196页）。

波斯帝国是古代西亚版图最大，统治也较长久的奴隶制帝国。皇帝大流士为维护帝国统治，实行一系列改革措施，一是建立完备的军政分权的行省制度，行省数目最多时可达30多个，包括波斯、亚述、埃及、阿拉伯、印度等；二是对各行省规定贡赋制度，三是实行军事改革，加强皇帝对军队的控制，四是修筑驿道，五是统一币制和度量衡，六是确定宗教（同上，第237—241页）。

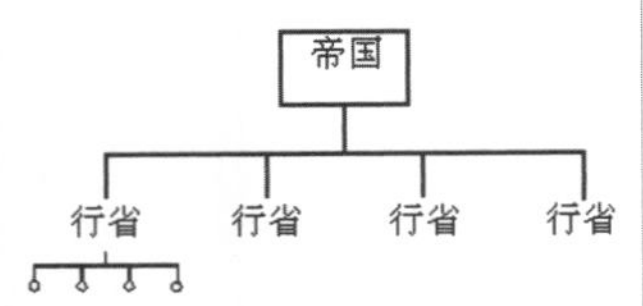

图33：古代西亚“帝国形态”的行政体制结构分析图

（3）古罗马的等级结构

公元前510年罗马共和国建立后，不断扩张领土疆域，先后统一意大利、西部和东部地中海，成为一个空前的奴隶制帝国。罗马帝国采用行省制，行省下为自制市与殖民点。

（4）我国国家系统等级结构起源概况

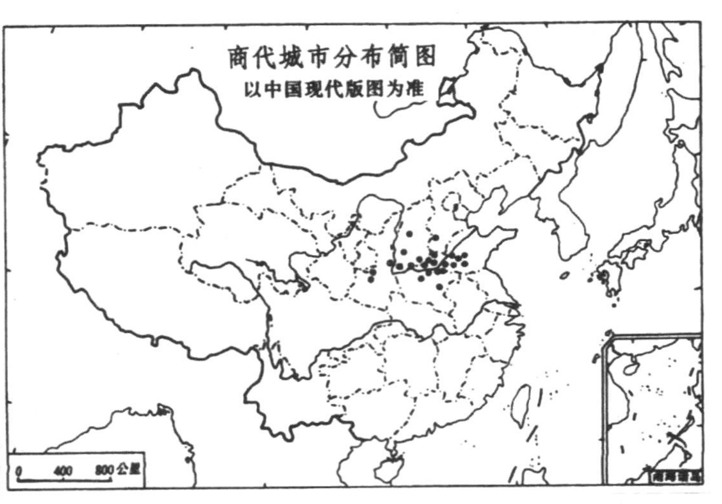

图34：商代城市分布简图

我国奴隶社会的国家系统结构，目前考古研究尚不十分充分，似乎是由原始社会的部落或部落联盟直接过渡到统一的大国形态，中间跳过了其他文明所共有的“城邦”或“城市国家”阶段。

究其原因，或许与我国独特的地理环境有关。首先，我国古代文明的发源地中原地区属于平原地带，自然地理条件优越，地形阻隔较少，便于沟通；其次，远古时期黄河流域水患严重，传说“当尧之时……洪水横流，泛滥于天下”（《孟子·滕文公》下），因此，治水成为一项公共工程，必须要统一协作才能完成。这些条件都促成了统一的大国形态的形成。

夏朝是我国第一个奴隶制国家，它的前身是以尧为首的部落联盟的一个成员——“夏”部落。夏部落的首领禹因治水有功被推举为联盟首领。禹死后，他的儿子启废除禅让制，建立了奴隶制国家。

夏朝的统治，“打破了氏族组织和与之相适应的血缘关系，把天下分为九州[①]，置九牧管理。‘牧’是地方长官，表明夏已有一套行政管理机构了[②]”。

四、工业时代的国家系统——大尺度集聚+均布结构

1.结构原理

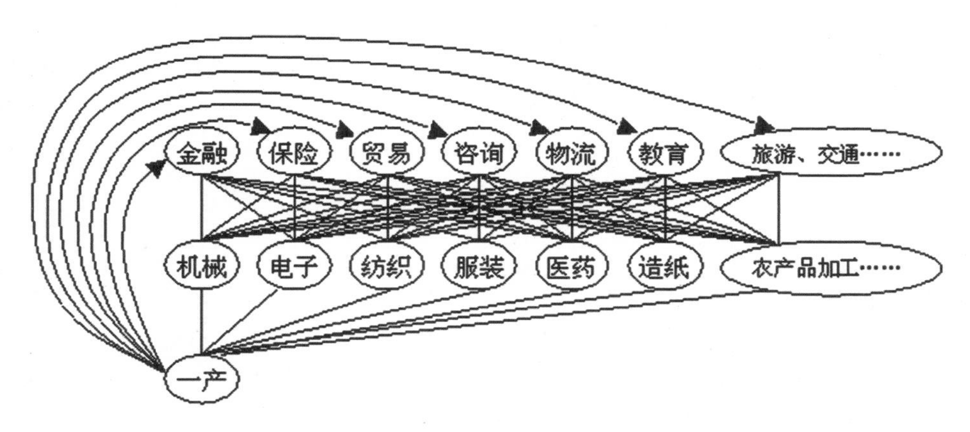

图35：工业化阶段各产业之间的紧密协作关系形成网络结构这与传统城镇体系的树形结构不兼容，因此空间结构必然变革

工业时代生产力的基本特征是“社会化大生产”，“分工”与“协作”成为基本的生产组织方式。生产的社会化大分工要求各生产环节、生产单位之间彼此密切联系。于是，城市系统开始在空间上集聚发展，从小城市到大城市，从大城市到大都市区、再到大都市连绵带。

而传统农业则被现代农业所取代，传统农村不复存在，传统的中心地体系崩溃。农业生产仅依靠若干“产业功能点”（如家庭农场）即可完成。

从国外发达国家的历史看，工业时代成熟阶段的城市系统结构呈现出区域性集聚特征，而不是均匀地分散在整个国土上。

①九州是冀、兖、青、徐、扬、荆、豫、梁、雍。

②徐高示止主编：《中国古代史（上册）》，华东师范大学出版社，1990年，第40页。

2.结构实例

（1）都市圈

1950年代日本行政管理厅对“都市圈”的定义是：以一日为周期，可以接受城市某一方面功能服务的地域范围，中心城市人口规模须在10万以上。1960年代提出的“大都市圈”概念则规定：“中心城市为中央指定市，或人口规模在100万人以上，并且邻近有50万人以上的城市，外围地区到中心城市的人口不低于本身人口的15%，大都市圈之间的货物运输不得超过总运输量的25%。”

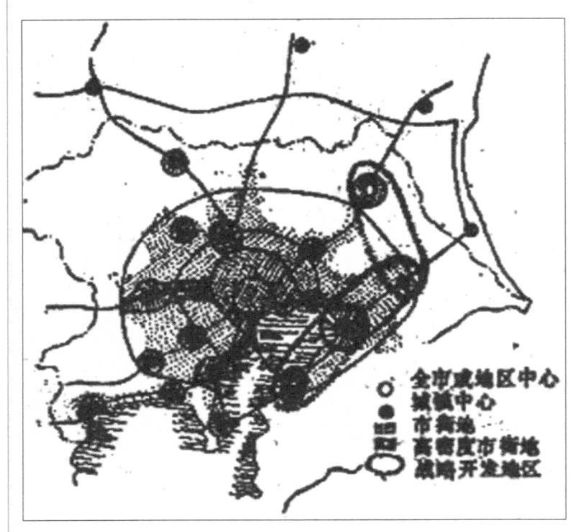

图36：东京都市圈多中心复合结构图

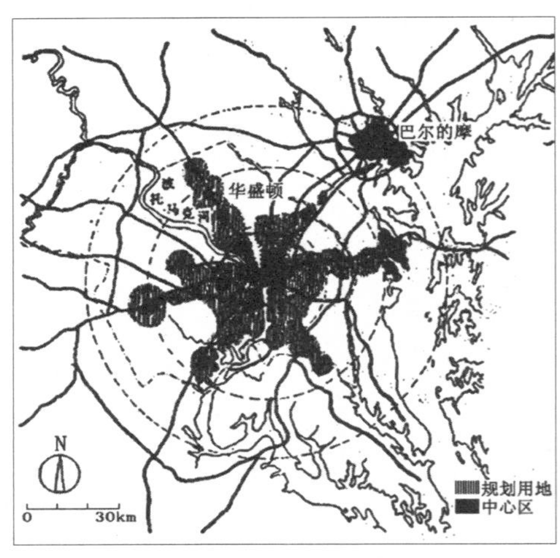

图37：1962年华盛顿规划

（2）连绵带

这是一种悬挂在由交通、通讯和能源供给线形成的网络线上的多点集聚形态的网络结构，通常被称为城镇密集区或大城市连绵带。目前已形成的连绵型结构有：荷兰兰斯塔德环状城镇群、德国莱茵－鲁尔区、美国的三大连绵带（波士顿－华盛顿、芝加哥－匹兹堡、圣地亚哥－旧金山）、英国的伦敦－伯明翰－利物浦连绵区、日本的东海道连绵区等。

图38：美国人口分布示意——大城市连绵带形态

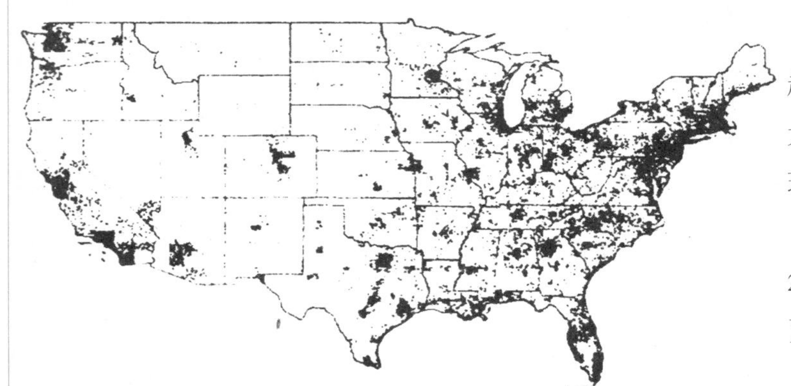

资料来源：赵炳时：《美国大城市形态发展现状与趋势》，《城市规划》，2001(5)，第35页。

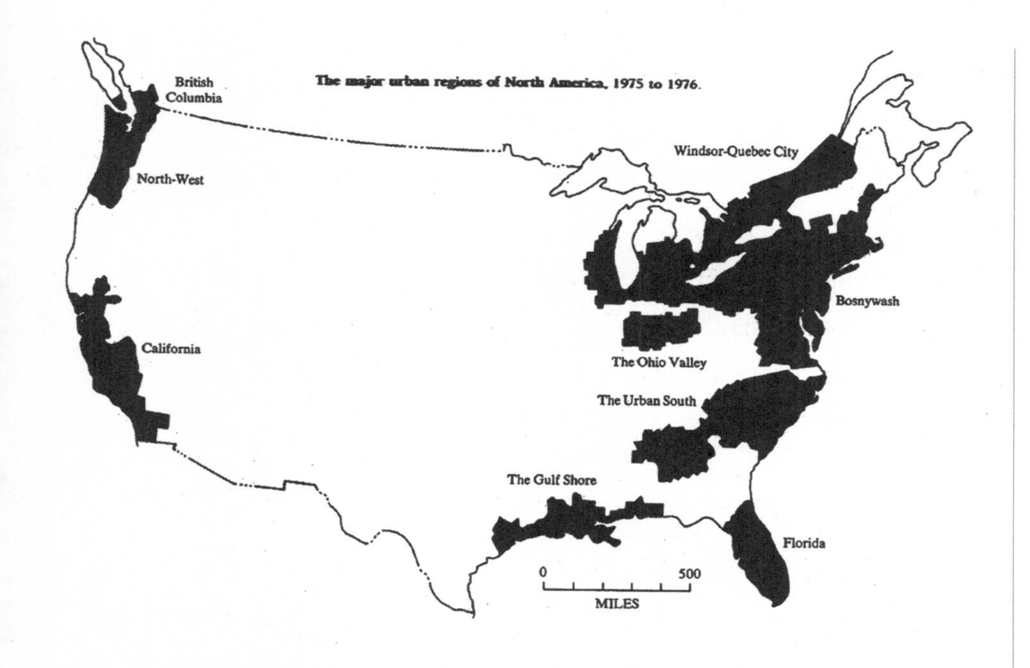

图39：北美主要城市地区（urban regions）（1975-1976）①，呈现出大尺度集聚特征

五、信息时代的国家系统——超空间结构

1.结构原理

信息时代生产力的基本特征是：对信息的获取和处理占据生产的主导地位。

信息是客观世界的反映，可以被进一步加工、处理，从而产生新的信息，据此可以对客观世界进行控制。对信息的处理不仅仅局限于“数”和“量”的控制，而是提高到对结构组织与再组织的高度。因而，世界变得“可组织”，出现了以“信息逻辑”为导向的前所未有的、复杂的新结构。

由于现代信息技术手段的进步，使得信息的获取和传递突破了时空障碍，因而，信息化的世界结构具有了超时空特性。

虽然信息技术可以突破时空障碍，但城市并没有因此回归到农业时代的均匀分布状态。而是在时空层面上仍然遵循工业时代生产力布局的基本准则——大尺度集聚。在超时空层面则涌现出各种信息化结构。例如，生产过程的分解和重组导致“世界地区结构”、“世界产品结构”、“世界矩阵结构”、“跨国网络结构”②等新生产组织方式的形成，于是出现了在物质空间上不连续但具有强烈组织化特征的“新结构体”。

于是，国家系统成为一个开放结构，也就进入了全球系统阶段。每个国家都会有自己的全球系统，多个全球系统的复合便形成“多球系统”结构，或称为“复杂全球系统”。

①Maurice Yeates and Barry Garner: The north American city，San Francisco : Harper & Row, Pub., 1980，figure 18-1.

②资料来源：[美]约翰B·库伦著，邱立成等译《多国管理战略要径》，北京，机械工业出版社，2000.2，第219-223页。

2.结构实例

以下实例，解剖的都是具体的公司企业，它们都具有超空间、网络化特征，这些网各有各的规则，许许多多这样的网套叠起来，就构成了城市的超空间复杂网络结构。

（1）矩阵式

这是一种不连续的空间组织形式，在一些国家已成为普遍的生产组织形式，涉及农业、制造业、服务业、自然资源等各个行业和领域，例如：

瑞典ASEA AB集团，生产发电、输配电设备；经营采矿、冶金、造纸、制糖、铁路、海运等业务，有100多家子公司分布于36个国家；生产地点分布于13个国家。

澳大利亚悉尼线材公司(Australian Wire Industries PTY Ltd.)，在新西兰、巴布亚新几内亚、马来西亚、印度尼西亚和泰国设有联营生产厂；向54个国家供应产品。

荷兰AVEBE B. A.经营土豆淀粉及其制品，是由5 000名农场主开设的合作公司；生产地点在荷兰有2处，法国2处，意大利1处，瑞典1处；代理、销售机构遍布世界大多数国家。

表8：美国零售业的组织形式——矩阵式组织的几个实例

零售业公司（集团）名称	公司总部	机构分布
艾伯森公司 Albertson’s Inc.	Boise, ID	在西部和南方的17个州经营562个百货店和9个销售中心
美国百货公司 American Stores Company	盐湖城, UT	在全国30个州经营1650家商店
艾姆斯百货公司Ames Department Stores, Inc.	Rocky Hill, CT	在15个州及华盛顿特区经营371家廉价商店，还在7个州经营13家工艺品商店
布朗集团公司 Brown Group, Inc.	圣路易斯, MO	经营13家美国工厂和2家加拿大工厂，并经营北美7000家零售店

资料来源：根据《美国企业500家》节选整理，G·胡佛、A·坎贝尔、P·J·斯佩恩主编；美国企业500家编委会，东北大学出版社，1993年10月（原版1992年8月）。

（2）复合矩阵式

这是对“矩阵”形态的再组织（图 40）。理论上，这种层级化的组织过程可以无限发展。

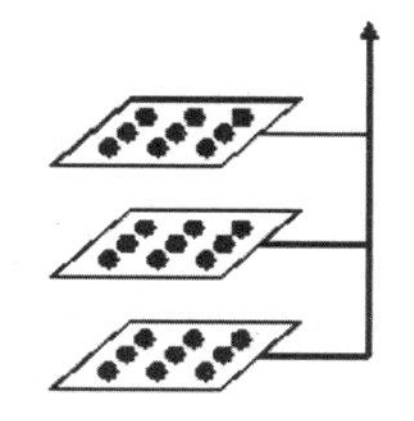

图40：复合矩阵式模型

美国的计算机公司戴尔公司的机构配置极好地体现了“复合空间矩阵”这一概念（图 41、表 9、表 10、表 11）[①]。表9从一个侧面反映了复合矩阵结构的形态。该结构体系由“美洲地区+欧洲、非洲、中东地区+亚太、日本地区”三大块构成，各地区之间的营业额有着明显的差异。

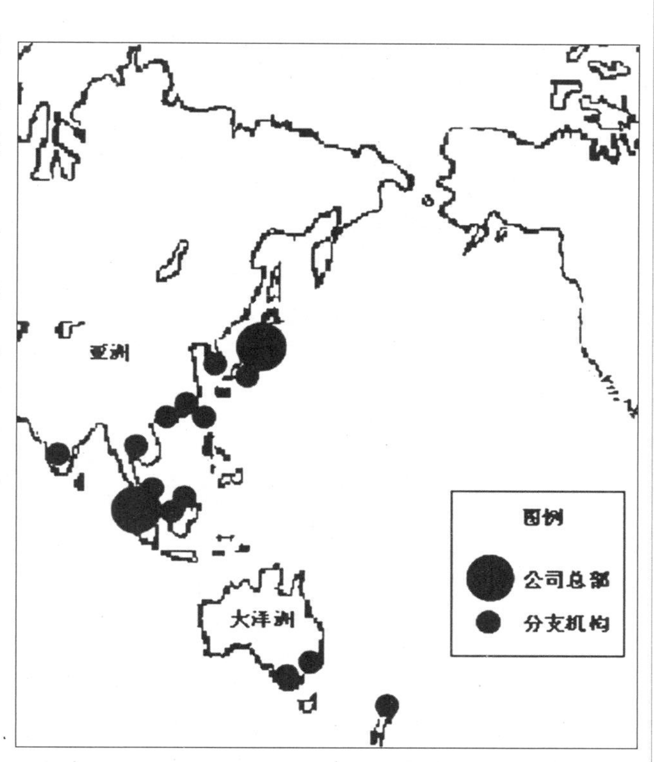

图41：跨国公司的矩阵式机构配置实例——戴尔公司亚太地区机构分布图

表 9：戴尔公司全球业务概览——复合空间矩阵结构

各地区营业额占公司总营业额比例			
	2003年第二财季	2003年第一财季	2002年第二财季
美洲地区	73％	69％	71％
欧洲、非洲、中东	18％	21％	19％
亚太区、日本	9％	10％	10％

①资料来源：http://www.ap.dell.com/ap/cn/zh/bsd/local/overview_005.htm（2002-9-31）

表10：戴尔美洲公司概况及机构分布表

戴尔美洲公司	分支机构
总部：德克萨斯州奥斯汀 制造工厂：德克萨斯州奥斯汀、田纳西州Nashville、巴西Eldorado do Sul 营业额（最近四个财季）：227亿美元 第二财季营业额增长率：13.7 % 市场排名：美国第一 雇员人数：22950人	加拿大安大略省北约克 智利圣地亚哥 墨西哥墨西哥城、蒙特雷 哥伦比亚波哥大 巴西Eldorado do Sul 波多黎哥San Juan 阿根廷布宜诺斯艾利斯

表11：戴尔欧洲、中东及非洲地区公司概况及机构分布表

戴尔欧洲、中东及非洲地区	分支机构
总部：英国Bracknell 制造工厂：爱尔兰Limerick 营业额（最近四个财季）：64亿美元 第二财季营业额增长率：2.9 % 市场排名：欧洲地区第二位 员工总数：8200人	奥地利Klosterneuburg 比利时Asse-Zellik 捷克共和国布拉格 丹麦哥本哈根 芬兰赫尔辛基 法国Montpellier及Rueil-Malmaison 德国Langen 爱尔兰Bray及Limerick 意大利米兰 荷兰阿姆斯特丹 挪威Lysaker 波兰华沙 南非约翰内斯堡 西班牙马德里 瑞典Upplands Vasby 瑞士日内瓦 英国Bracknell

资料来源：http://www.ap.dell.com/ap/cn/zh/bsd/local/overview_007.htm（2002-9-31）

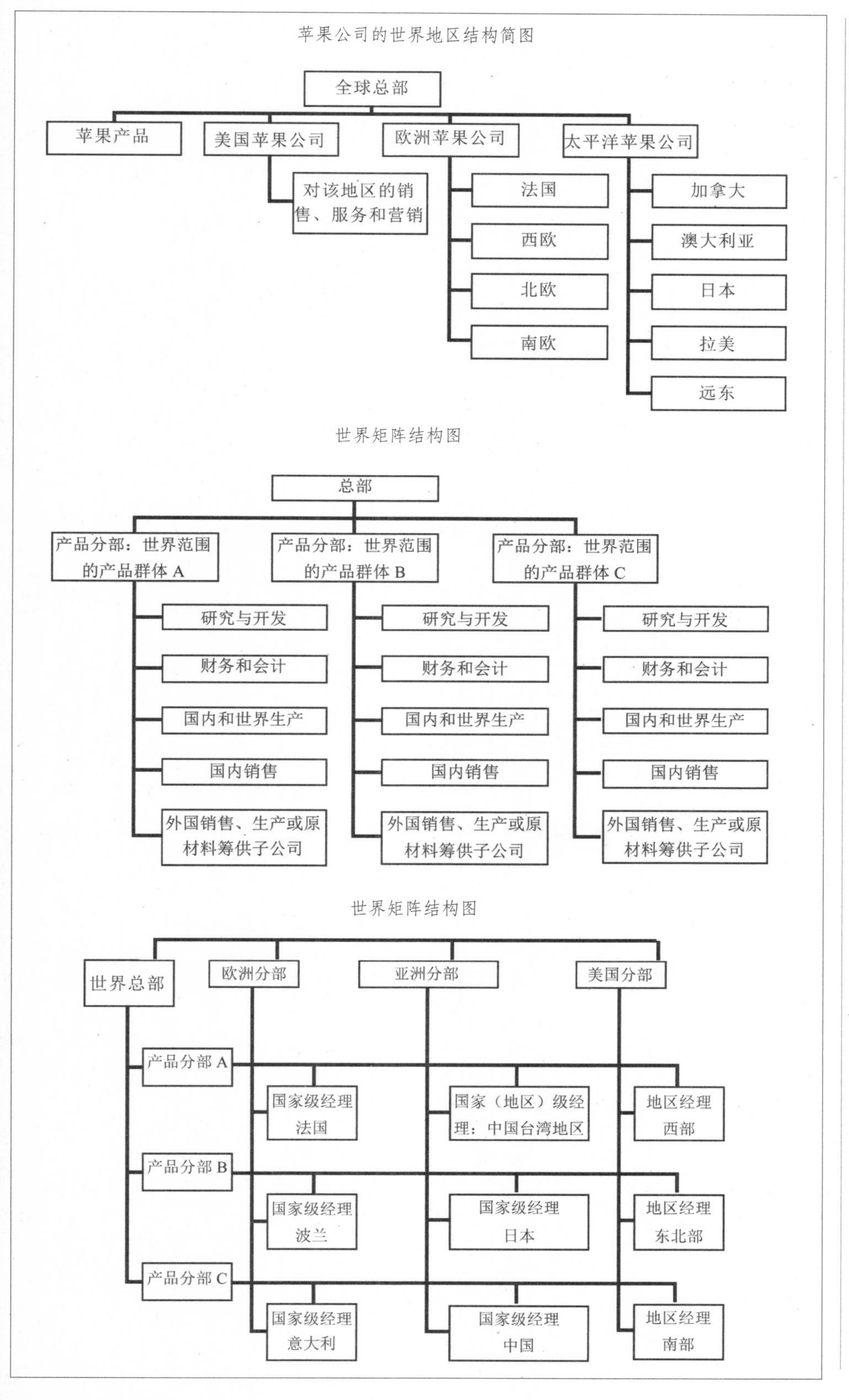

图42：超空间网络结构图示

图43：飞利浦公司跨国结构的地区联系①

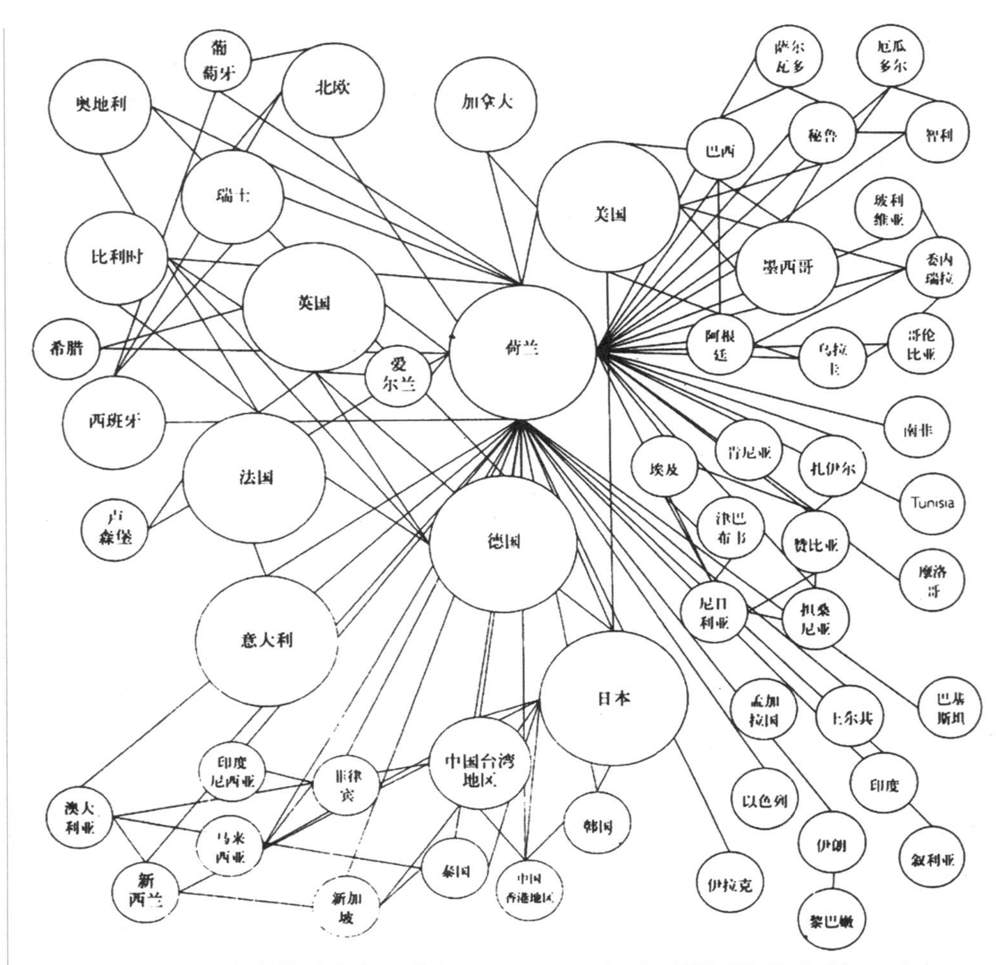

飞利浦公司跨国结构的地区联系 资料来源：Choshal and Bartlett 1990, 605. Used with permission.

小结

从上述简要回顾中，可以提炼形成认识论层面的唯物发展观。即：生产力的发展是城市系统发展、演化的根本依据。

① [美]约翰 B·库伦著，邱立成等译《多国管理战略要径》，北京，机械工业出版社，2000.2，第224页，图表8-表10。

第四章　超越“中心地”

一、中心地理论简述

德国城市地理学家克里斯泰勒(W. Christaller)1933年在其博士论文《德国南部中心地原理》中提出中心地理论(Central Place Theory)。该理论的核心思想是：中心地的等级层次结构。即：城市是其腹地的服务中心，根据所提供服务的不同档次，各城市之间形成一个有规则的等级均布关系。

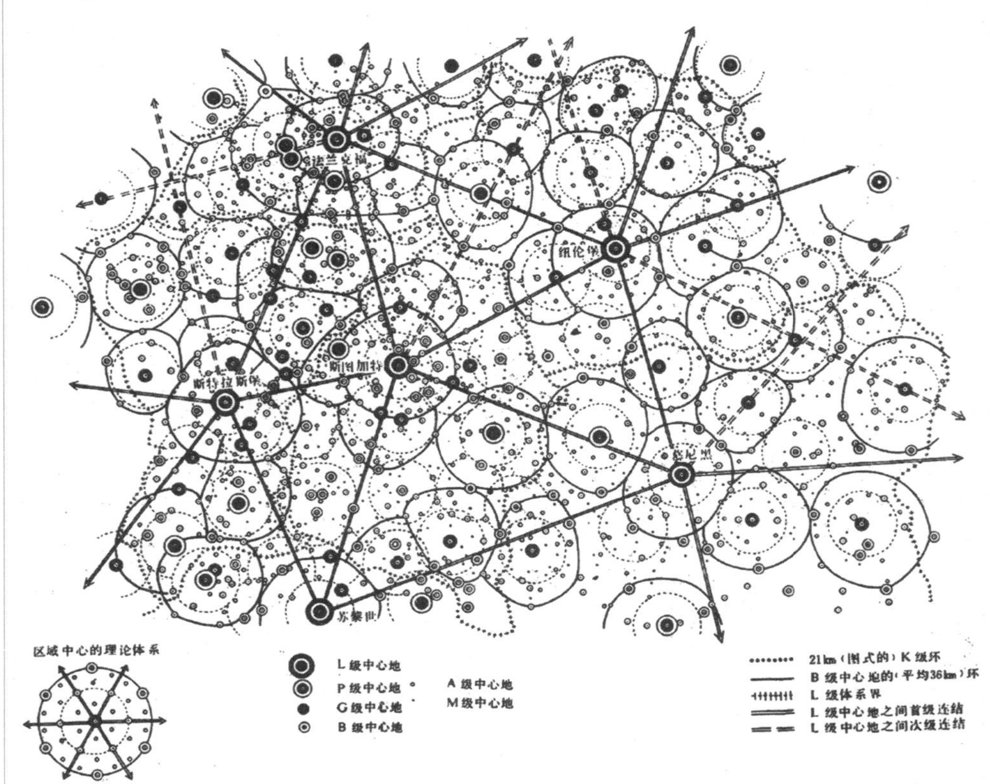

图44：1930年代德国南部的中心地体系

“中心地”是农业时代的产物。因为农村是均匀分布的，为了服务广大农村，中心地才不得不分成等级并同样在大地上均匀分布。连克里斯泰勒本人也承认，他在研究中所列出的L级中心地（即国土中心，Landesznetrale，比首都低一级，人口>50万）体系的人口规模分布“不过是对以农业为主的区域人口的大致估计[①]”。见表 12。

表 12：克里斯泰勒归纳的德国南部农业地区的中心地体系

城市类型和级别	中心地数目	市场区数目	区域半径（公里）	区域面积(平方公里)	提供货物和服务种类	中心地人口(个)	区域总人口(个)
1(M)集市	486	729	4.0	44	40	1000	3500
2(A)镇	162	243	6.9	134	90	2000	11000

续表

3(K)县城	54	81	12.0	400	180	4000	35000
4(B)市	18	27	20.7	1200	330	10000	100000
5(G)中级政府驻地	6	9	36.0	3600	600	30000	350000
6(P)省府	2	3	62.1	10800	1000	100000	1000000
7(L)国土中心	1	1	108.0	32400	2000	500000	3500000
合 计	729	–	–	–	–	–	–

资料来源：沃尔特·克里斯塔勒《德国南部中心地原理》，第180页

二、中心地理论对我国城市规划的影响

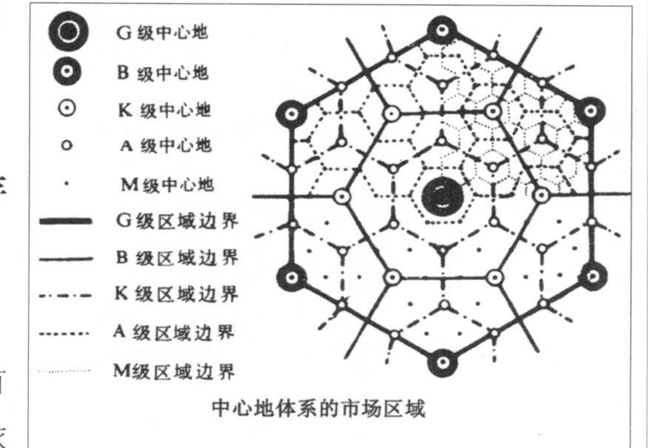

图45：克氏的六角形中心地模型

1.我国具有中心地理论的生存环境

我国城镇体系脱胎于农业社会，1949年后并未发生根本性变化：所有的国家建设基本上以传统城市为依托。因此，基本的体系结构一直保持着农业时代的形态。也正因如此，中心地理论在我国找到了极好的生存环境。

2.城镇体系与中心地理论一脉相承

1964年[②]贝里（B·Berry）研究了城市人口分布与中心地等级的关系，并借用一般系统论的术语，使得“城镇系统（urban systems）”一词成为正式用语[③]。可见，城镇体系一词的诞生就与中心地理论一脉相承。

在中国，严重敏于1964年最早译介了城镇体系的有关文献，由此将城镇体系一词引入中国[④]。80年代后，随着城市规划工作的恢复，城镇体系研究开始兴起。在我国所有关于城镇体系的教科书中，“中心地”理论是必然介绍的，经典教材还将其明确定为“城镇体系”的基础理论[⑤]。

3.城镇体系规划在我国的法律地位

我国1990年实施的《城市规划法》（2007年底废止）确定了“城镇体系”的法定地位：“设市城市和县级人民政府所在地镇的总体规划，应当包括市或者县的行

①见[德]沃尔特·克里斯塔勒《德国南部中心地原理》，北京，商务印书馆，1998年5月，P83。

②《区域分析与规划》中为1954年，可能有误。

③原文为：“In 1964 Brian Berry proposed a formal link between urban population distributions and the hierarchy of service centers (the central place hierarchy) and linked these to the language of general systems theory; the terminology of urban systems became official.”引自systems of cities, 第9页

④严重敏1964年译介了W.克里斯泰勒的“城市的系统”，见《地理译丛》，1964（4）。

⑤见《城镇体系规划讲义》，南京大学城市规划设计研究所，1995年10月，第4页。讲义写到中心地理论“被后人公认为城镇体系研究的基础理论”。

政区域的城镇体系规划”（见《城市规划法》第19条）。

1994年9月1日实施的《城镇体系规划编制审批办法》（2010年7月废止）规定：“城镇体系规划一般分为全国城镇体系规划，省域（或自治区域）城镇体系规划，市域（包括直辖市、市和有中心城市依托的地区、自治州、盟域）城镇体系规划，县域（包括县、自治县、旗域）城镇体系规划四个基本层次。”该“办法”还规定了城镇体系规划的主要内容，其中三项主要内容是：职能结构规划、等级规模结构规划、空间结构规划（见《城镇体系规划编制审批办法》）。其中，“等级规模结构”规划一锤定音，决定了城镇体系的基本结构逃不出“中心地”结构，尽管规划界也同时在用“点轴理论”，通常是说说而已，很少有实质意义，对等级结构基本无触动。

2008年实施的《城乡规划法》未见对县、市域城镇体系规划的规定，但《城市规划编制办法》依然在执行，县、市域城镇体系规划从技术上讲，也依然是无法放弃的内容。

4.中心地理论已不再适应发展要求

我国已经进入工业化阶段，同时还面临着全球化进程。工业化阶段的生产特征与农业社会完全不同：农业生产要依靠土地、均匀布点，而工业生产的分工协作根本不允许生产环节在大地上均匀分布，也根本不允许把人口均匀、成等级地分布在大地上。因此，用一个旧的空间体系结构套住一个新的生产力体系，将对整个社会的发展、进步产生巨大的消极影响（这种影响也来自其他方面如行政区划、土地管理、户籍制度等）。

三、中心地理论的两大硬伤

1.农业基础

中心地的基本职能是为区域提供商品或服务。

在农业时代，农民依靠土地进行生产，所以农村或农庄分布比较均匀，这也是中心地理论的基本假设前提（区域均匀）。因此，为农民提供服务的最小中心地（M级，即集市）需要均匀分布，经过理论抽象便形成蜂窝状模式。

而一旦城市化迅速推进，那么农民数量急剧减少（例如德国农业人口现在仅占总人口的2%左右），而且即使那少量的农民也可以不在农村居住，因此，“区域”

①原文为：“they concluded … that larger centers are functionally more complex than smaller centers; that increasing functional complexity is accompanied by increasing size of the urban complementary region; and, that because of the differential provision of central functions, interdependence exists between urban centers in the distribution of central goods and services. …Berry and Garrison also concluded that satisfactory evidence had not been provided to verify the hierarchical class-system of centers postulated in theory. They did, however, offer findings supporting such a class-system, and Berry subsequently has confronted this controversial matter.” from RICHARD E. PRESTON The Structure of Central Place Systems, 引自systems of cities, 第185页

（指中心地以外被服务的地区）人口的理论极限值可以为零。这实际上导致中心地理论的假设前提不存在了。

试问：若传统农村（农庄）不复存在（即理论人口为0），那么克氏的M级中心地（集镇）又为谁提供服务呢？没有服务对象，自身也就没有必要存在了；即便存在，也仅仅是为自己服务，那么著名的六角形模式也没有必要了，因为无需再争夺“区域”了，那些M级中心地便可以随便分布了。由此导致A、B、G、P、L等各级中心地或没有必要存在，或六角形关系崩溃，无论如何，都会导致整个中心地体系崩溃，此为其一。若考虑城市化发展的生产力背景，则大量人口向非农产业转移，而非农产业的组织逻辑与中心地根本不是一回事，也必然导致中心地体系崩溃，此为其二。

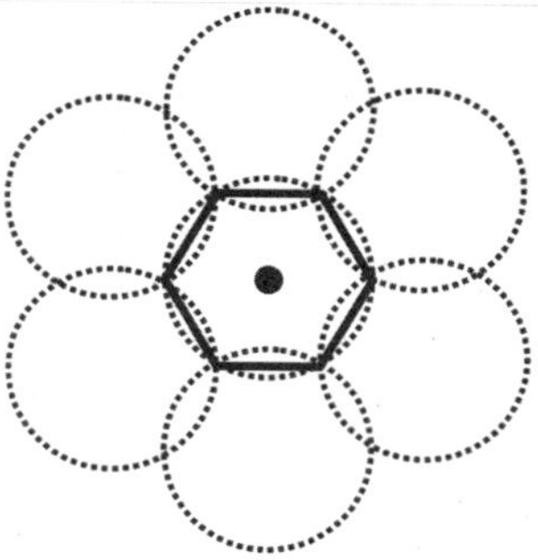

图46：区域均分才形成六边形关系，一旦区域人口为零（理论值），六边形便没有意义了

2.单一体系

中心地理论仅仅考虑了“服务”体系，而社会经济活动是一个复杂的大系统，仅有“服务”是远远不够的。除“服务”外，“生产”活动至关重要，而且是决定性的：生产布局决定人口布局，工业生产导致人口集聚，工业生产的复杂性也导致人口分布的复杂性，人口分布的变化直接导致“服务”体系（即中心地体系）的变化，因而从根本上否定了简单的均匀体系。

一些学者（Ullman, Berry and Garrison, Murphy, King, and others）早已提出了对“中心地”理论的质疑。如1958年贝里和凯里森（Berry and Garrison）指出：由于不同的中心有不同的功能，所以，中心间的联系不可避免，因此贝里及其同事认为无法证明等级体系的存在（satisfactory evidence had not been provided to verify the hierarchical class-system of centers postulated in theory）[①]。

资料来源：James W. Simmons, The Organization of the Urban System, 转引自L. S. Bourne / J.W. Simmons Systems of Cities-Readings on Structure, Growth, and Policy, New York, Oxford University press, 1978

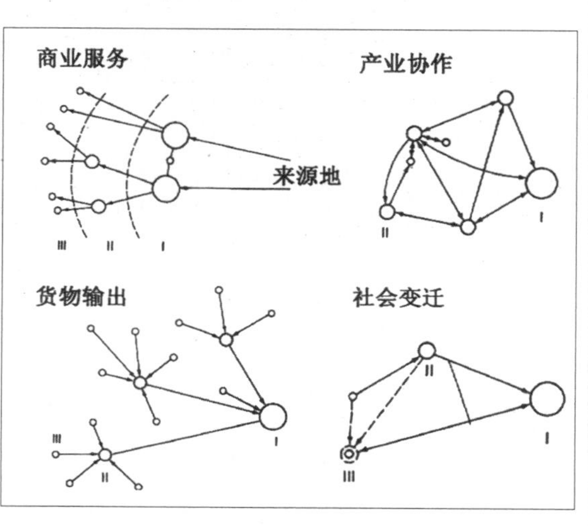

图47：复杂城市系统的组织模型（Models of Urban System Organization）：（I, II, III是城市的等级）——中心地体系只是其中一项

James W. Simmons的研究[①]则更透彻地说明了城市系统的复杂性，绝非一个单一的中心地体系可以囊括。例如生产协作关系，就不同于中心地的等级嵌套结构；还有，货物流通体系也不一定与中心地体系相吻合。可以说每一个专业性功能点，都对其他点提供服务，因此，每一个点都有一个以自己为中心的服务网，这使问题变得非常复杂，不是一个简单的等级体系可以描述（图 47）。

而且，随着经济的发展、人口的变迁，整个城市体系处在不断的变化中。即Simmons图中所指的“社会变迁”。

所以，城市体系的真实特征可概括为两个：

①复杂性：表现为多体系耦合，包括中心地体系、产业协作体系、流通体系等；

②变化性：随着人口的迁移导致整体结构的不断变化。

四、中心地理论的娘家“回访”——克氏研究的中心地还在吗?

“中心地”理论虽来自德国，也有种种局限（国内凡介绍中心地理论的书籍必介绍其缺陷），但其理念在中国人心目中根深蒂固，仍被认为是天经地义、永远正确。无奈，解铃还需系铃人，还是让德国自己说话吧。

图48：克里斯泰勒1933年研究的中心地（左）及2005年同一地区的城市体系形态图（右）

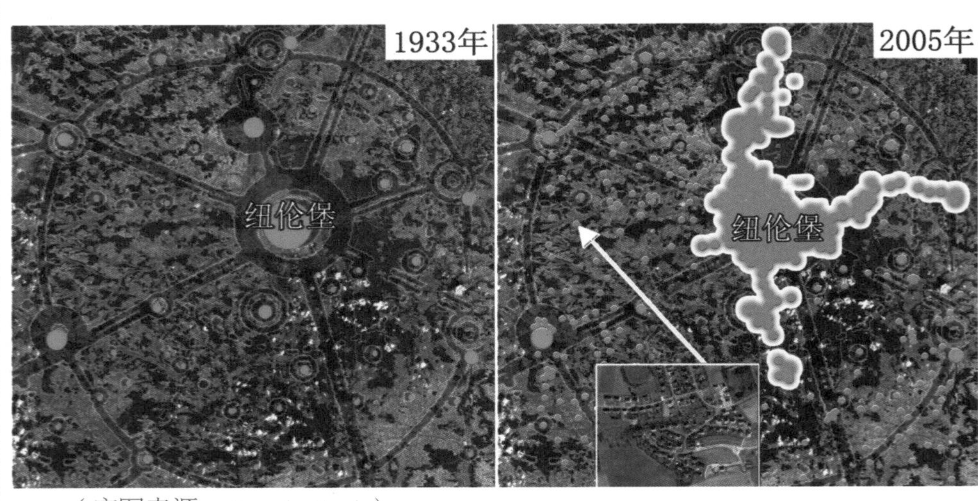

（底图来源：Google Earth）

承蒙现代科技进步，我们可以通过网络在Google Earth的数字地球上任意遨游，用它提供的卫星图片可以帮助我们形成一些清晰的认识。

图48（左）以纽伦堡为中心，图中圆点为1933年的中心地位置，其中有的较大的中心地在今天的卫片上似无法找到。黑色辐射线为其所绘模式图）；图48（右）粉红色为城市或居住点。根据样本点的平面规划形式判断，那些小点应是郊区化的

① James W. Simmons, The Organization of the Urban System, 转引自L. S. Bourne / J.W. Simmons Systems of Cities–Readings on Structure, Growth, and Policy, New York, Oxford University press, 1978。

②鲍世行主编：《城市规划新概念新方法》第四章，北京，商务印书馆，1993.1。

产物。

在克氏当年所研究的中心地地区（以纽伦堡为例），出现了两个新变化：

①L级体系的中心（即国土中心，比首都次一级）纽伦堡出现了连绵现象。其连绵地带沿交通线向北、东、南发展。

②出现了大量新的“居住点”，这些点密密麻麻、到处都是。该区域虽然比70年前“中心地”数量增加了一倍以上，“但其分布方式已与从前大不相同了[②]”。经查阅有关文献得知，西德在20世纪60年代经历了郊区化，再根据这些“点”的平面规划形式（见图中样本点放大的嵌入图），可以判断这些“点”应该是郊区化的产物（见图49右图）。而郊区化另有自己的一套空间规则——即圈层结构，与中心地体系并不相同。

上述两点说明，昔日的中心地体系早已变迁。

更值得关注的是，在德国的著名工业区“莱茵-鲁尔地区”，更找不到一丝一毫中心地的影子那里，早已是闻名世界的都市连绵带了（图 49左）。你能指望从连绵带中找出谁是中心地吗?

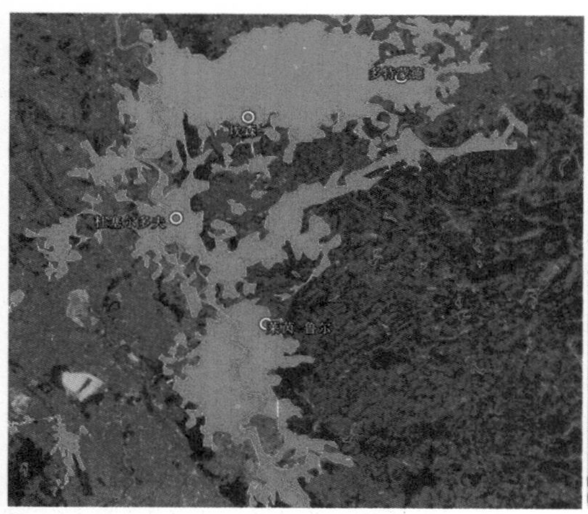

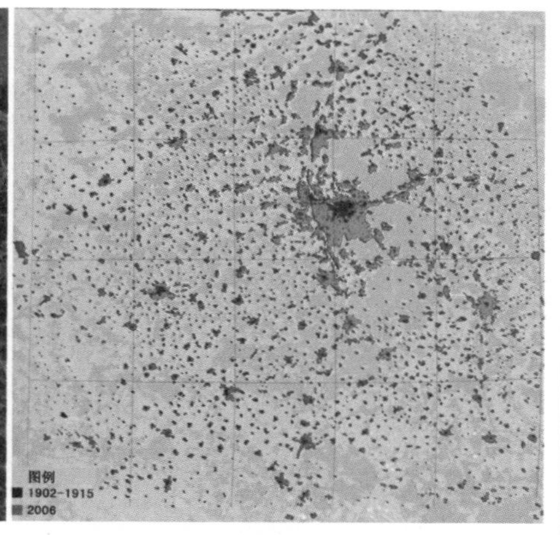

图49：左图为莱茵-鲁尔区，右图为纽伦堡体系，同比例对比

德国生产力的进步是导致国家城市体系结构变化的根本原因：农业生产实行农场制，平均每个农场3.3个劳动力（见附录4），农业人口从1980年的305万减少为1995年的220万，仅占总人口的2.5%，由此使中心地的底层失去支撑。而工业化的不断推进，无疑是形成莱茵-鲁尔工业

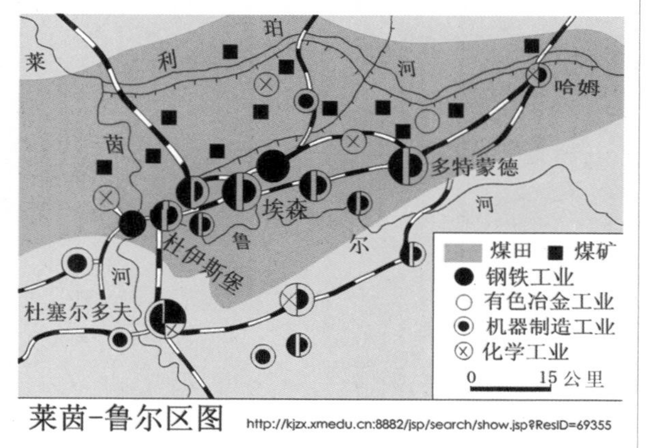

图50：这个产业集群能分散到中心地体系中吗？

区的根本原因。我们不禁要问：德国的中心地体系还能存在吗？

我们不妨把德国的国家城市体系概括为三种结构类型：

一是工业化的区域型集聚结构，例如莱茵-鲁尔工业区。

二是工业化的城市型集聚结构，例如纽伦堡的中心城市连绵区和郊区居住点共同形成的城市圈结构。实际上，上述“一”和“二”共同构成集聚体系。区域型大尺度集聚结构对应产业集群的高效率要求；而那些专业性较强、可以相对独立的工业门类则可以相对独立布局，以求得廉价的土地、劳动力，以及较好的环境等。

图51：德国国家城市体系的组成

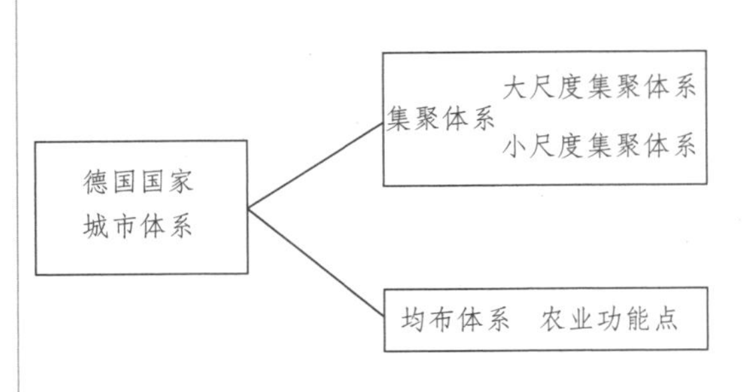

三是农业地区的散点结构。虽然传统农村早已消亡，但某些与农业直接相连的农副产品加工行业仍需在农业地区布局，某些从城市中外移出的功能也需要在郊区或农业地区布局（例如郊区化进程中居住点和产业点的外迁）。因此，散点结构仍有其生命力。但由于功能点的多样化、复杂性，总体形态并不一定遵循中心地规则。

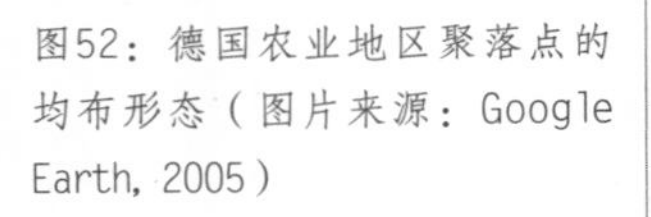

图52：德国农业地区聚落点的均布形态（图片来源：Google Earth, 2005）

图52的若干聚落点有可能是郊区化的居住点和农业点的融合，但总体可以说明农业地区的均匀布点特征。

五、“集聚+均布”复合结构的更多实例

对美、英、荷等发达国家城市体系进行分析，也都可看到“集聚-均布”两套结构复合而成的结构体系。

1.美 国

（1）大都市连绵带

美国已形成波-华、芝-匹、圣-圣三大都市连绵带。

波士顿-华盛顿连绵带分布于美国东北部大西洋沿岸平原，北起波士顿，南至华盛顿，以波士顿、纽约、费城、巴尔的摩、华盛顿等一系列大城市为中心地带，其间分布的萨默尔维尔、伍斯特、普罗维登斯、新贝德福德、哈特福特、纽黑文、帕特森、特伦顿、威明尔顿等城市将上述特大中心城市连成一体，长600多公里、宽50~160公里，面积约13.8万平方公里，人口约4500万人，占美国人口的20%左右。

芝加哥-匹兹堡连绵带分布于美国中部五大湖沿岸地区，东起大西洋沿岸的纽约，西沿五大湖南岸到芝加哥，连带匹兹堡、克利夫兰、托利多、底特律等大中城市以及众多小城市，长约900公里。

圣地亚哥-旧金山（圣弗兰西斯科）连绵带分布于美国西南部太平洋沿岸，以洛杉矶为中心，南起圣地亚哥，向北经洛杉矶、圣塔巴巴拉到旧金山海湾地区和萨克拉门托，长约500公里。

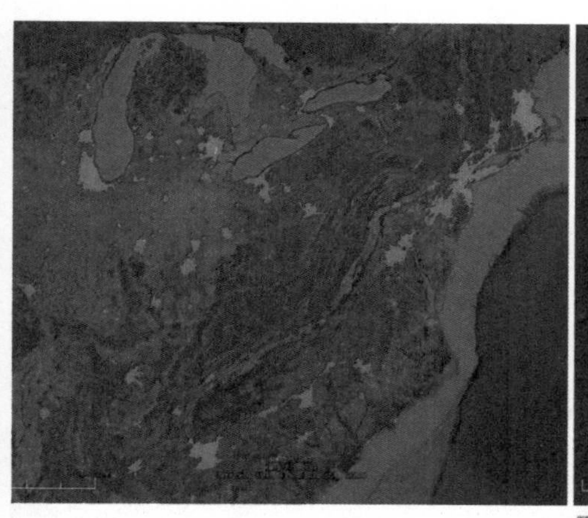

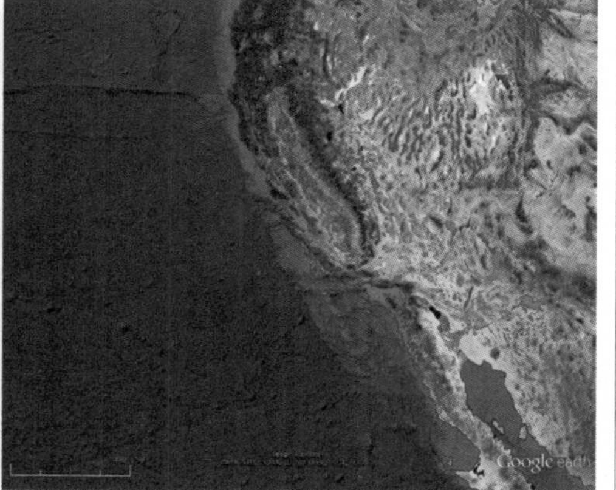

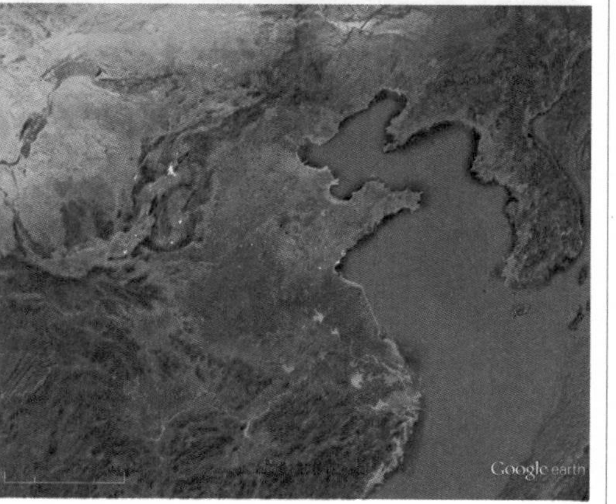

图53：（上图）美国波-华、芝-匹、圣-圣三大都市连绵带与中国“京沪鲁豫”地区（下图，作为尺度参照）同比例比较（底图google earth）

图54：圣路易斯市城市集聚体（每个黄线区域为一个城市）

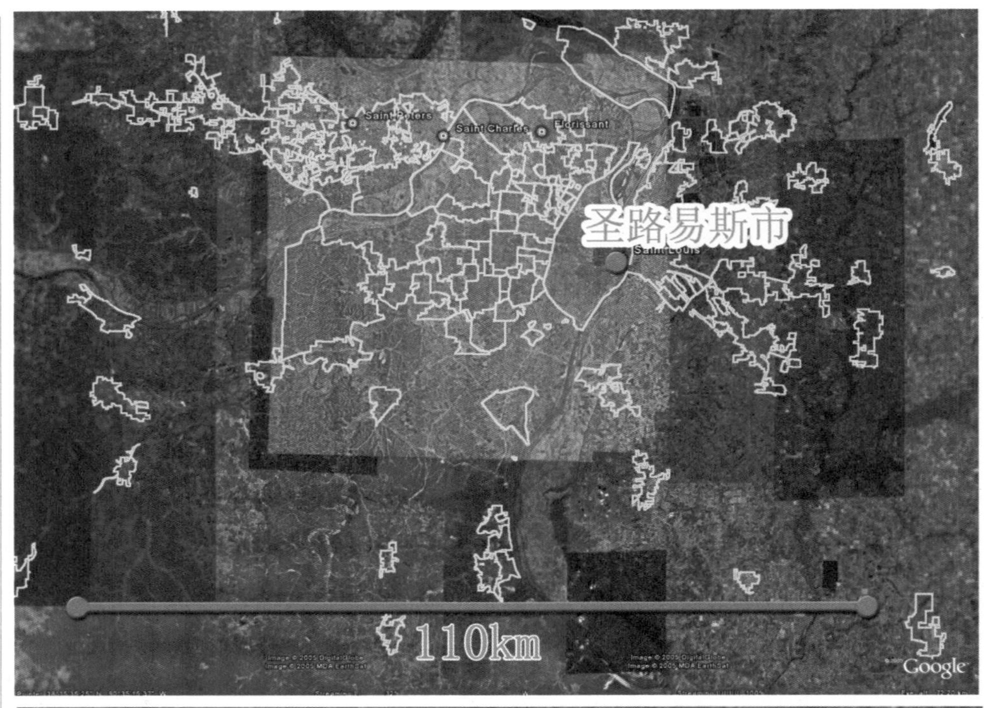

图55：堪萨斯州的农业地区聚居点

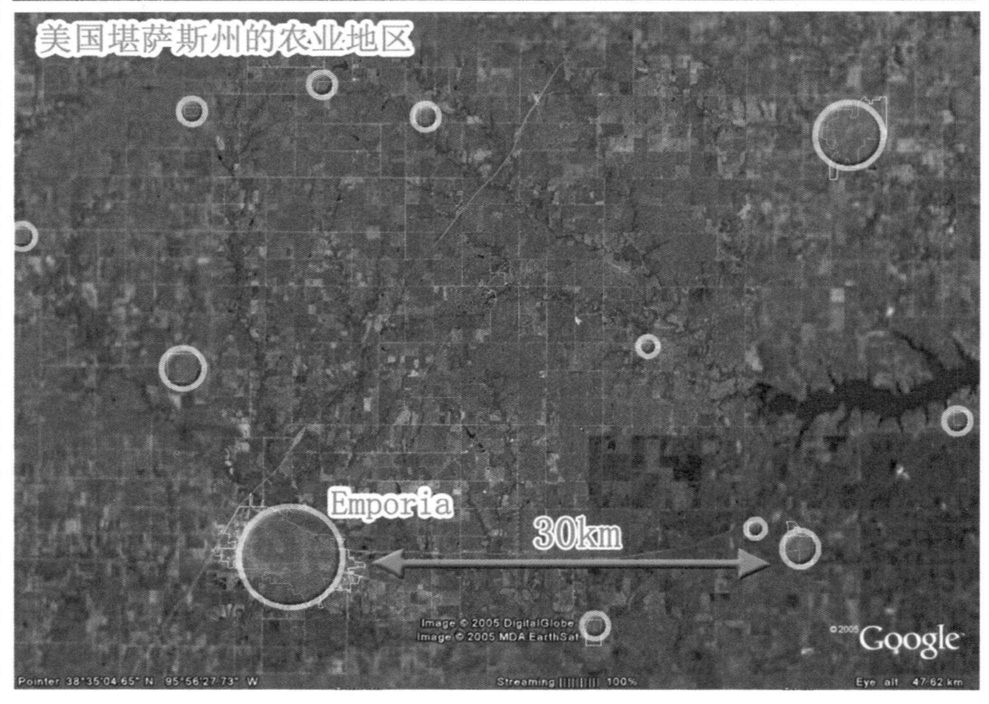

（2）城市集聚体

以某一城市为核心集聚形成的空间结构，如圣路易斯市（图 54）。

（3）农业散点区

以农田为主、城镇零星分布其中的地区，如堪萨斯州的农业地区（图 55）。

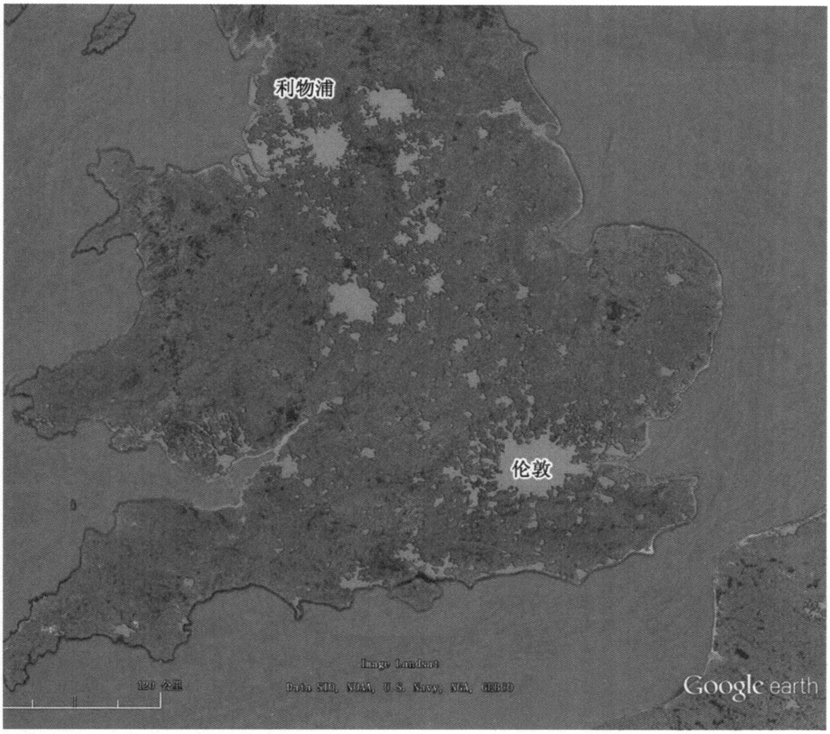

2.英 国

英国国家城市体系也可分为区域型连绵带、城市型集聚体和农业地区的散点结构三种类型。英国城市连绵带是从伦敦经伯明翰到利物浦、曼彻斯特形成的一个城市连绵地带。城市型集聚体如英国北部的Glasgow。散点型结构则占据较广阔的国土（英国农业人口仅占总人口的1.8%，1999年农业人口108万，全国总人口5897万）。

图56：英国伦敦-利物浦连绵带

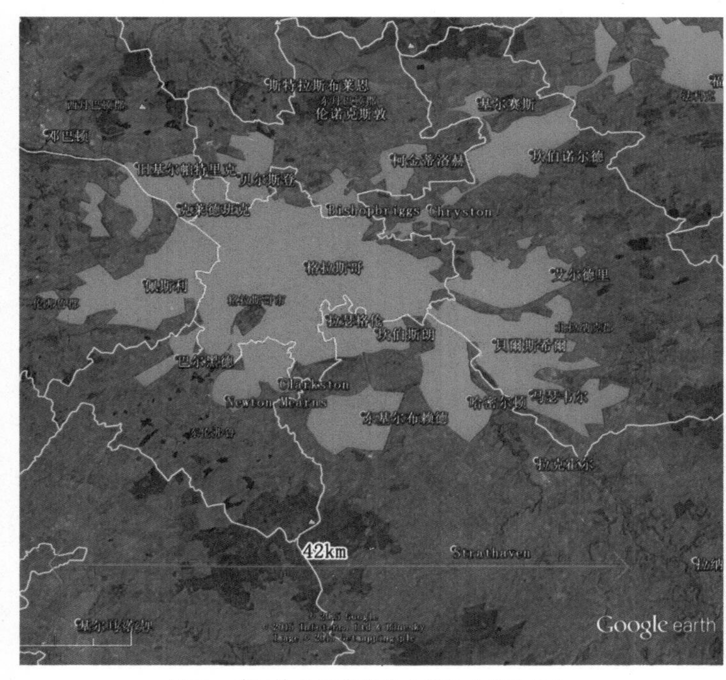

图57：英国城市型集聚体（箭标长42公里）

图58：英国农业地区散点形态

3.荷 兰

荷兰的国家城市体系也可分为集聚体系和散点体系两种结构（图 59）。其中集聚体系即世界闻名的兰斯塔德地区。

图59：荷兰兰斯塔德城市群（箭标长度35km）

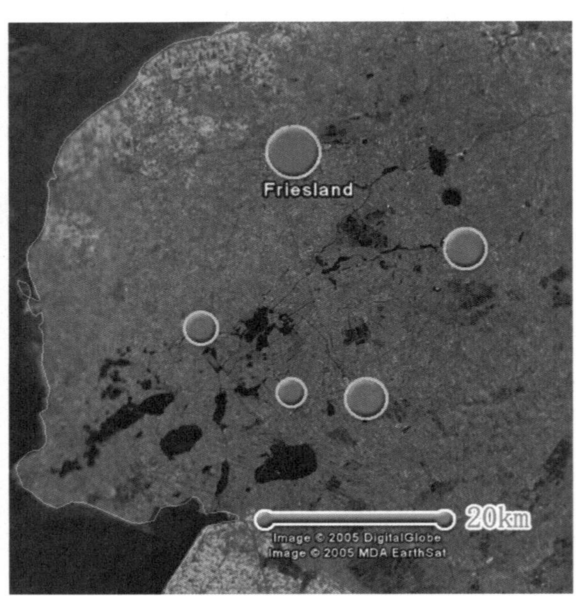

图60：荷兰北部农业地区的散点形态

六、美国“城镇体系”抽样分析

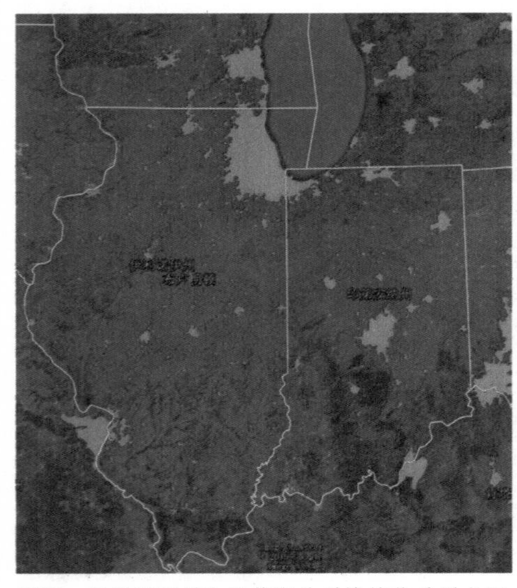

图61：伊利诺伊州和印第安纳州城镇体系形态图（底图来自google earth）

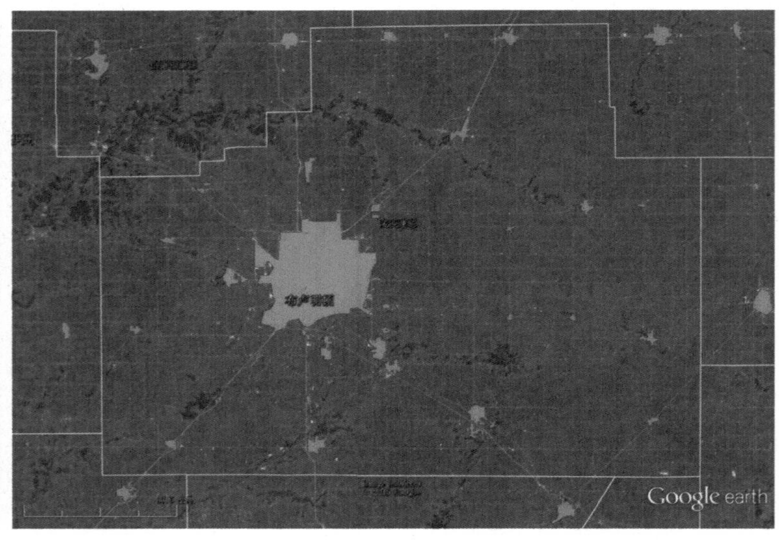

图62：麦克莱恩县（首府布卢明顿，位置见上图）城镇体系形态图（底图来自google earth）

（1）取样

除大都市连绵带、都市区等主要形态外，美国也存在具有中心地原理特征的“城镇体系”，主要由镇或乡村社区+农场构成。见下图伊利诺伊州和印第安纳州样本。

注：麦克莱恩县土地面积1 186平方公里，2010年全县17万人，首府布卢明顿12.9万人，占全县的76%。第二位城市Le Roy市/镇3 560人。

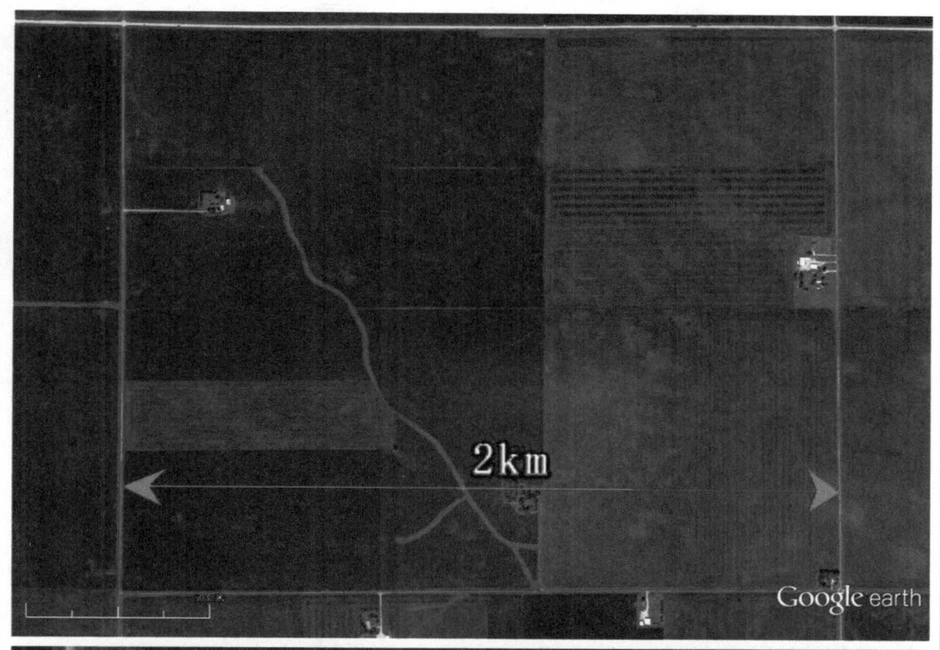

图63：麦克莱恩县的农田网格（3.2平方公里土地）（底图来自google earth）

图64：上图农田网格中西区的小农庄（美国伊州麦克莱恩县）（底图来自google earth）

图65：与上图同尺度比较：中国的农村（河南睢县王和村）（底图来自google earth）

从上述图片可知，美国城乡体系的最基层并不存在“农村”，而是以农场作为农业生产的主体。

（2）美国城镇体系等级规模的特征（大倍率缩减规律）

取美国伊利诺伊州城镇村体系为样本，各级城镇抽样人口的倍率关系显示，上下级倍率关系在10倍以上，比中国城镇体系上下级之间的倍率关系大很多。见表13、图66。

表13：美国伊利诺伊州城镇体系各等级之间的倍率关系（IL州抽样）

等级	代表城市、都市区、社区	人口	本级/下级倍率
1	芝加哥都市区	9461105	73.3
2	布卢明顿	129107	45.4
3	席沃斯社区（Heyworth）	2841	14.6
4	艾尔斯沃斯社区Ellsworth village	195	39.0
5	农庄	5（估）	

表14：美国伊州麦克莱恩县各居民点人口统计

城、镇、居民点Municipalities/CDPs within a County	2000年总人口	2010年总人口	2000～2010年变化量	变化率
McLean County全县	150433	169572	19139	12.7%
Bloomington city & Normal town布卢明顿市	69394	129107	18913	18.2%
Le Roy city	3332	3560	228	6.8%
Heyworth village（席沃斯社区）	2431	2841	410	16.9%
Lexington city	1912	2060	148	7.7%
Hudson village	1510	1838	328	21.7%
Chenoa city	1845	1785	−60	−3.3%

Twin Grove CDP	X	1 564	N/A	N/A %
Gridley village	1 411	1 432	21	1.5 %
Danvers village	1 183	1 154	-29	-2.5 %
Colfax village	989	1 061	72	7.3 %
Downs village	776	1 005	229	29.5 %
McLean village	808	830	22	2.7 %
Saybrook village	764	693	-71	-9.3 %
Stanford village	670	596	-74	-11.0 %
Carlock village	456	552	96	21.1 %
Towanda village	493	480	-13	-2.6 %
Bellflower village	408	357	-51	-12.5 %
Arrowsmith village	298	294	-4	-1.3 %
Ellsworth village（艾尔斯沃斯社区）	271	195	-76	-28.0 %
Cooksville village	213	182	-31	-14.6 %
Anchor village	175	146	-29	-16.6 %
El Paso city (part)	0	0	0	N/A

注：village一词翻译为乡村，是大城市远郊居住社区的概念，不是农村。“美国乡村人口大约6 600万，其中注册农户一般住在自己的农场里，这样的农户约有600万，另外的6 000万人居住在乡村居民点中。”——叶齐茂，美国的乡村建设，《城乡建设》，2008-2009。

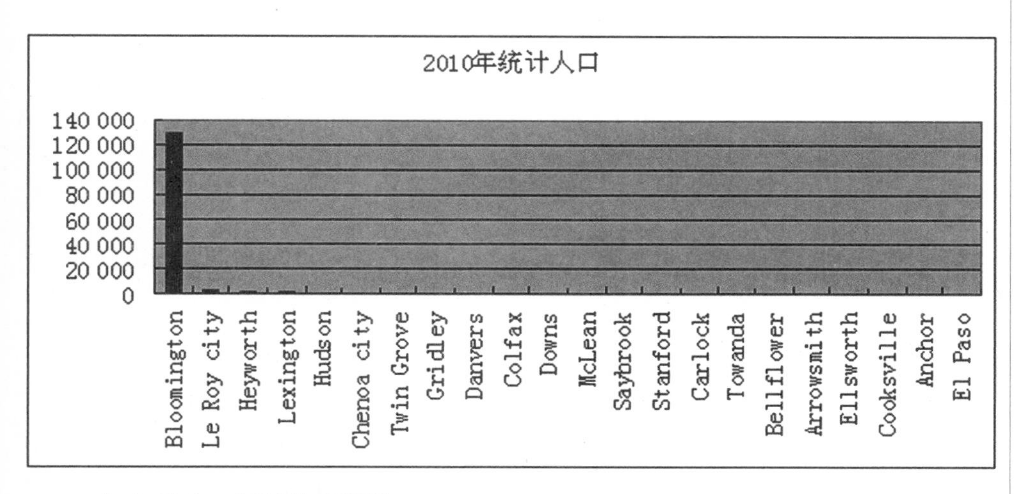

图66：麦克莱恩县2010年各居民点统计人口（人）

（3）结论：城镇体系萎缩

美国城镇体系是一个下部明显萎缩、上部特别发达的结构体系。

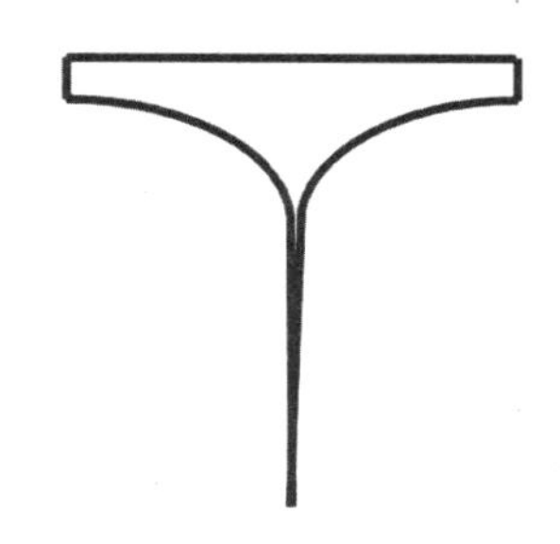

图67：美国城镇体系的等级规模结构特征——图钉型

七、日本“城镇体系”抽样分析

（1）取样

取福冈县城乡空间形态进行分析（图 68、表 15）。

（2）分析——城镇体系特征不明显

从福冈县人口规模分布（表 15）判断，除前几位城市规模较大外，其余居民点规模较接近、基本持平。如按等级规模分级，似乎也可分出等级规模结构。但如结合空间形态综合判断，这个城乡系统并不具备典型的城镇体系的散点等级特征，而是都市圈特征、连绵化、碎絮化弥漫特征更为突出。从其空间形态图来理解“都市圈”概念更形象直观，“都市圈”可理解为日本城乡空间形态的特有术语，日本并没有采用“城镇体系”概念。

图68：日本福冈县城乡空间形态（北九州福冈大都市圈）与中国青岛－日照同比例比较（底图来自google earth）

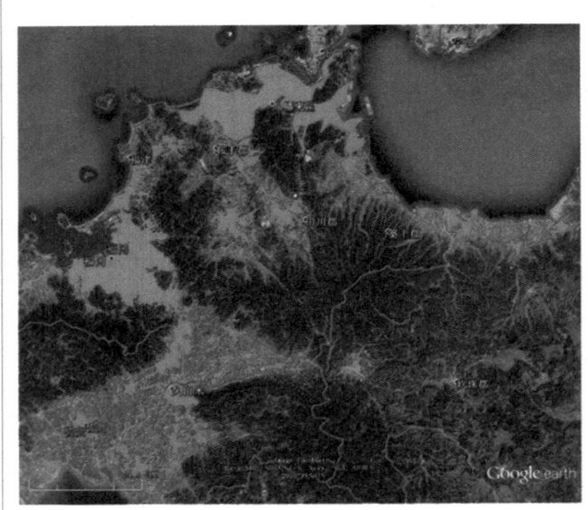

表 15：日本福冈县各级居民点人口统计（平成22年国勢調查（総務省統計局）

都道府県樋市区町村名	人口（人）	都道府県樋市区町村名	人口（人）
福岡県(全县)	5 026 898	岡垣町	32 059
福岡市	1 437 796	うきは市	31 630
北九州市	968 929	篠栗町	31 316
久留米市	296 714	宮若市	30 077
飯塚市	131 282	水巻町	29 615
大牟田市	122 973	筑前町	29 144
春日市	106 303	豊前市	27 026
筑紫野市	99 922	須恵町	26 037
糸島市	98 314	福智町	24 713
大野城市	94 877	新宫町	24 671
宗像市	94 723	みやこ町	21 567
柳川市	71 370	広川町	20 239
行橋市	70 261	築上町	19 538
太宰府市	70 253	遠賀町	19 105
八女市	69 008	川崎町	18 256
小郡市	58 470	鞍手町	17 085
古賀市	57 839	芦屋町	15 331
直方市	57 593	大刀洗町	15 278
朝倉市	56 107	大木町	14 345
福津市	55 395	桂川町	13 851

续表

田川市	50 538	香春町	11 684
那珂川町	49 638	添田町	10 909
筑後市	48 407	糸田町	9 617
中間市	44 136	小竹町	8 601
志免町	43 564	久山町	8 373
嘉麻市	42 584	上毛町	7 850
粕屋町	41 938	吉富町	6 789
みやま市	40 710	大任町	5 503
宇美町	38 585	赤村	3 251
大川市	37 392	東峰村	2 432
苅田町	35 385		

（3）都市圈、大都市圈

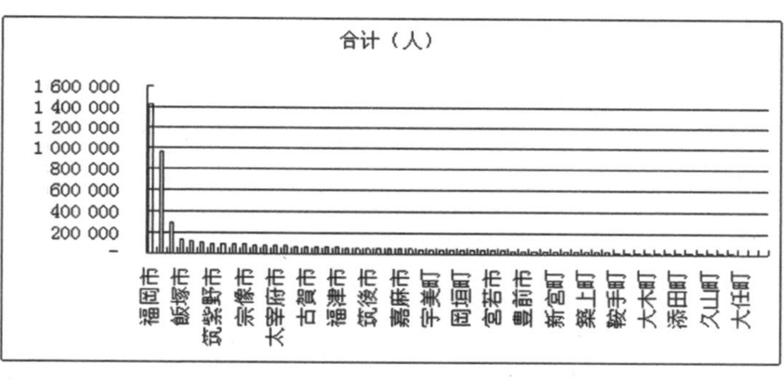

图69：日本福冈县城乡居民点规模排序图

1950年代日本行政管理厅对“都市圈”的定义是：以一日为周期，可以接受城市某一方面功能服务的地域范围，中心城市人口规模须在10万以上。

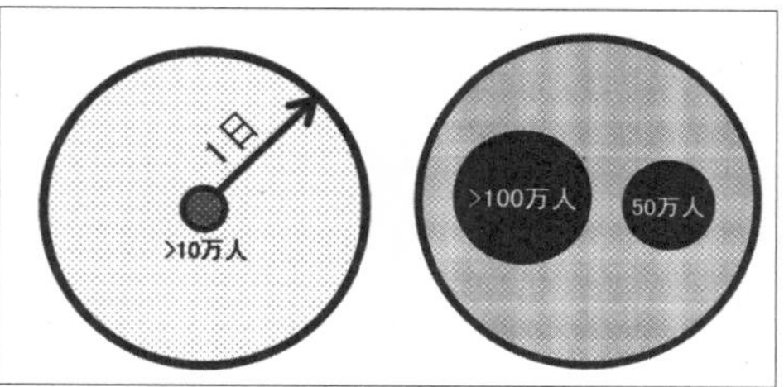

图70：都市圈（左）、大都市圈（右）概念图示

1960年代提出的“大都市圈”概念：“中心城市为中央指定市，或人口规模在100万人以上，并且邻近有50万人以上的城市，外围地区到中心城市的人口不低于本身人口的15%，大都市圈之间的货物运输不得超过总运输量的25%。”

三、小结

通过上述分析可得出以下结论：

①中心地理论出自上世纪30年代德国的农业地区，已不能适应今天变化了的生产力背景。

②当今城市体系是一个多结构逻辑的复杂秩序，简单的中心地等级结构根本不能囊括今天复杂的社会经济关系。

③新的生产力催生出新的集聚结构，这在美、英、荷、德等国均有发展。

④集聚结构可以表现为大尺度的区域型连绵体和小尺度的城市型集聚体，二者

共同形成集聚体系。

⑤作为整体的国家城市体系，则表现为“集聚+均布”型的复合结构，其中集聚结构构成工业时代以来国家空间形态的主体。

总之，走出中心地，世界更精彩。我国的国家系统应具有更丰富的组织形式。

第五章 “多结构”理论

一、“多结构”理论的含义

“多结构”，也可称为复杂结构，就是“多个结构”、“多种秩序”构成的复杂体系或系统。现行城镇体系虽然号称“三大结构”，但实际只有一个主导结构，就是等级规模结构。“等级”决定了一切——因为有等级存在，所以空间体系就是均匀的，职能结构也基本雷同。

本书认为，现代城市系统是一个由“多个功能体系”构成的多结构复杂系统，而不能仅仅用某一个单一结构（如中心地的服务体系）描述。下面以福州市为例说明这一概念。

二、案例实证——以福州市城市体系为例

1.“多结构”的检验标准设计

福州市域除中心城区外，辖2市6县，各县、市城市人口规模如下。

表 16：年末户籍统计人口数（2003年）

	市镇人口（万人）
福州市辖区	133.74
福清市	18.53
长乐市	12.07
连江县	10.63
闽侯县	6.41
罗源县	5.79
闽清县	6.09
永泰县	6.35
平潭县	5.82

为检验该城镇体系的“多结构”特性，可抽取城市体系的主要职能，并指定下列替代指标：

①生活服务功能——替代指标：医疗机构的等级；

②工业生产功能——替代指标：开发区、投资区规模；

③货物流通功能——替代指标：主要交通基础设施分布。

分别研究上述三大功能体系的空间组织形式，比较三者是否相同，以说明多结构体系是否成立。如果三大结构在空间上不一致，则说明多结构体系成立。反之，则说明城市体系是一个单结构体系。

2.实证研究

（1）“服务”结构

以福州市医疗机构等级的中心结构为代表，可以认为福州市的“医疗服务”体系呈现为等级中心结构（中心城区等级医院最多、高级别医院最多）。

表 17：福州市医疗机构等级表

城市	医院等级			
	三甲	三乙	二甲	二乙
福州市区	6	5	2	2
长乐			1	
福清			1	
罗源、连江、平潭、闽侯、闽清、永泰	未见等级			

来源：三9健康网

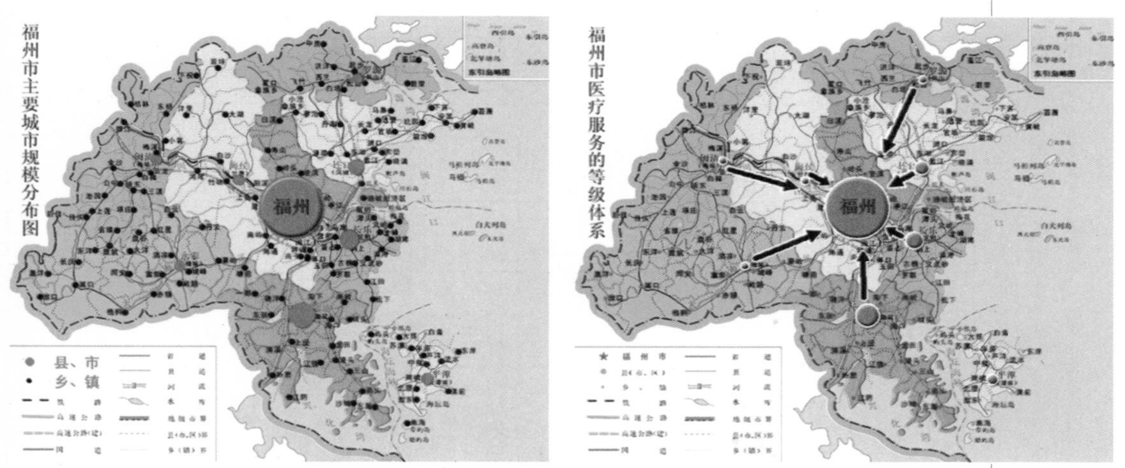

图71：城市规模分布体系（左）与医疗服务的中心体系（右）

（2）“产业”布局结构

根据《福州之窗》，把市域开发区、投资区等按面积绘制在一张图上，形成下图。

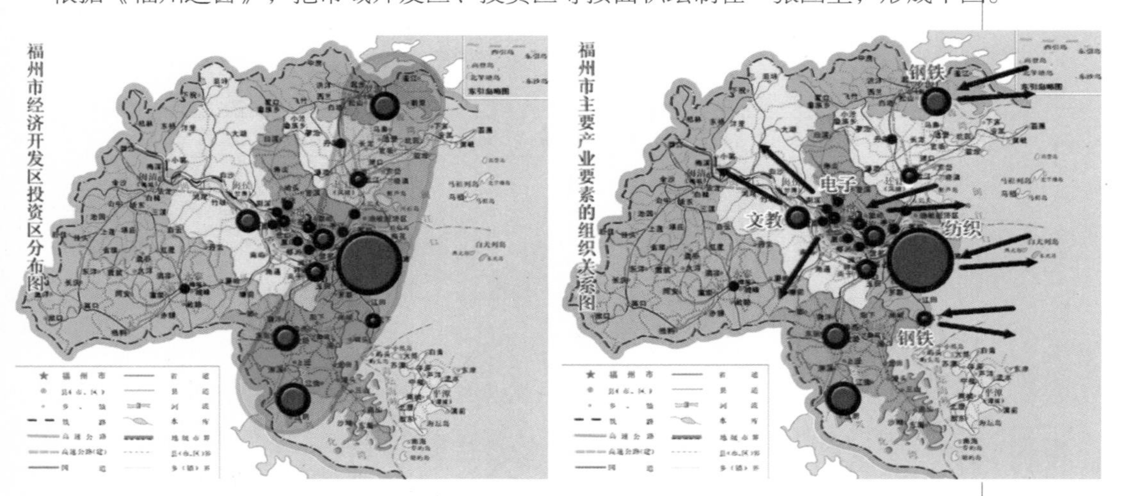

图72：福州市开发区、投资区的空间分布（左）及主要产业要素的组织关系图（右，箭头所示）

根据《福州之窗》文转图

上图说明，各产业区的空间分布不仅与居住体系不一致（图 72、图 71对比），而且产业区之间也并不存在“上下级”关系（图 72右）。所以，城镇体系的等级规模与产业体系之间并不存在必然的一致性。

表 18：福州市开发区、投资区面积统计表 单位：km^2

开发区、投资区名称	面积	主要产业
福州经济技术开发区	20	电子信息、生物医药、机械冶金、轻纺食品
福清融侨(宏路镇)经济技术开发区	28	电子、塑胶、食品、汽车配件和玻璃、冶金制品、纺织服装、制鞋等
福州市科技园区	5.5	电子、信息、光机电一体化、生物工程、新材料及医药等高新技术项目
鼓山福兴投资区	5.5	光电、机械、轻纺、玩具和塑料制品等为支柱，产品大部外销
金城投资区(新店)	0.83	商贸、房地产、生物制药、食品、电子、服装、娱乐业等
盖山投资区	1	招商项目：轻工、电子仪表
福州保税区	1.8	进出口贸易、出口加工、分拨、保税仓储
福州台商投资区	1.8	闽台经贸合作
福州软件园	0.7	展示、研发、培训、软件生产
城门投资区		
青口投资区	17	锻造、机械、汽车、配件
上街投资区	23	文教商贸、房地产，电子、化工、食品、鞋帽、茶叶、家俱、工艺美术等
罗源湾开发区	31	钢铁、建材、塑胶、纺织、化纤、食品加工
元洪投资区(松下)	10	鼓励兴办钢铁、汽车等重型产业，大力发展轻工、食品、电子、服装等加工工业，鼓励发展房地产、旅游、金融、保险、进出口贸易、服务、码头运输、仓储等第三产业
金山工业集中区		药业
长乐滨海工业集中区(滨海、金峰、闽江口)	92	纺织、特种钢、电业
江阴工业集中区	41.8	
敖江工业集中区(连江)	12	轻纺加工、机电制造、食品加工及鞋业加工
丹阳工业其中区集中区(连江)	0.5	
永泰马洋工业集中区	0.44	招商：电子、食品加工、纺织服装、药业、机械加工

资料来源：《福州之窗》光盘

表 19分析了福州市第二产业中各产业间的关联性，将13个产业纵横排列形成分析网格，扣除13个自交叉网格和右上角的对称网格，共有78个分析网格（左下角三角形区域）。经逐一分析，只得到9个关联点，关联度仅11.5%，即便是这少量有关联的产业，也基本是“半关联”。由此说明产业间总体上不存在“上下级”关系。二、三产业间有着较普遍的关联，但大多并非上下级关系，而是“服务”、“被服务”关系。

表19：福州市第二产业主要门类的关联性分析（以●表示产业间直接关联）

	电子信息、电子仪表、光电、光机电一体化、机电制造	房地产	纺织、服装、轻纺、轻纺	家俱、建材	软件生产、培训、展示	汽车、汽配、玻璃、机械	工艺美术	食品	塑胶、玩具和塑料制品	锻造、钢铁、特种钢	鞋帽	生物工程、医药	新材料、化工
电子信息、电子仪表、光电、光机电一体化、机电制造	/												
房地产		/											
纺织、服装、轻纺、轻纺			/										
家俱、建材		●		/									
软件生产、培训、展示	●				/								
汽车、汽配、玻璃、机械	●					/							
工艺美术							/						
食品								/					
塑胶、玩具和塑料制品									/				
锻造、钢铁、特种钢				●		●				/			
鞋帽			●								/		
生物工程、医药								●				/	
新材料、化工									●			●	/

（3）“流通设施布局”结构

福州沿海分布有一座国际机场和若干港口，包括罗源湾、闽江口、松下、江阴等。重要交通基础设施的空间分布沿海形成带形布局，这与城镇体系的中心结构并不一致。

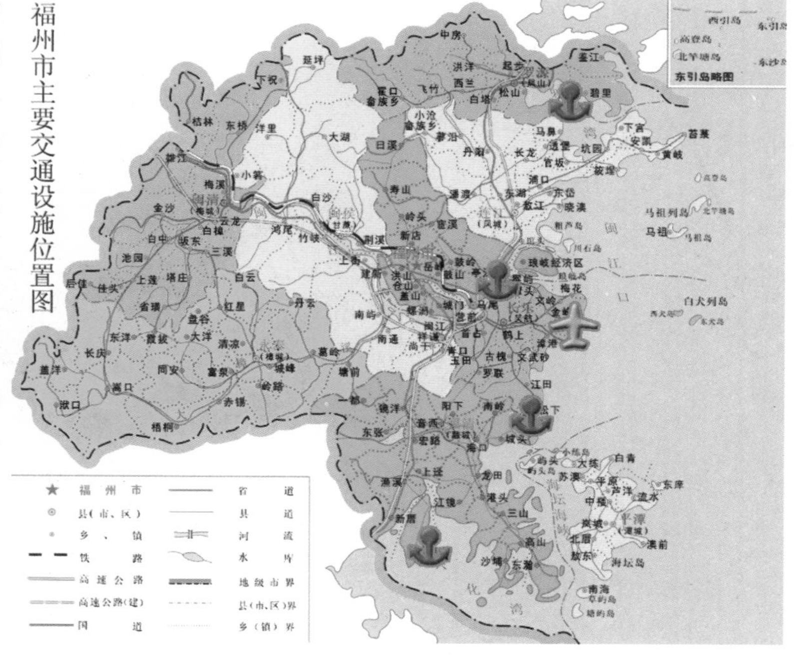

图73：福州市主要交通基础设施的空间分布（沿海带形布局与城镇体系的中心结构并不一致）

（4）综合比较

把上述三类结构绘制在同一张叠合图上进行综合比较，发现三类结构互相并不重叠。

图74：多结构叠合比较图（红色：主要城市，褐色：开发区）

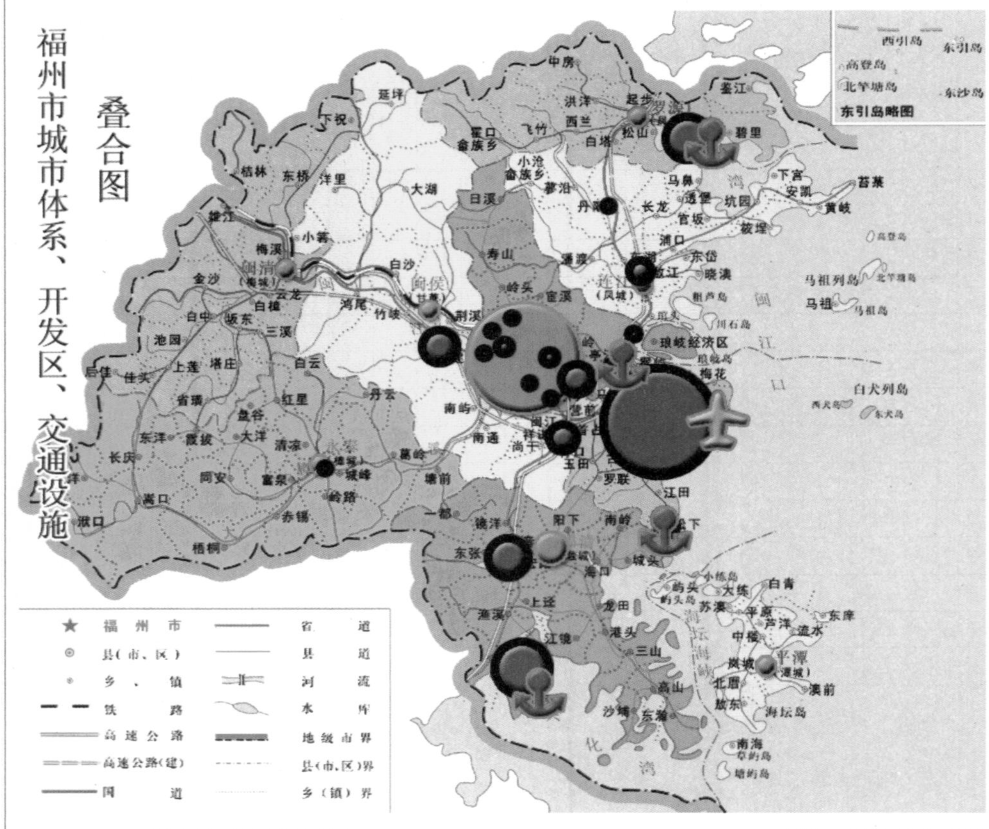

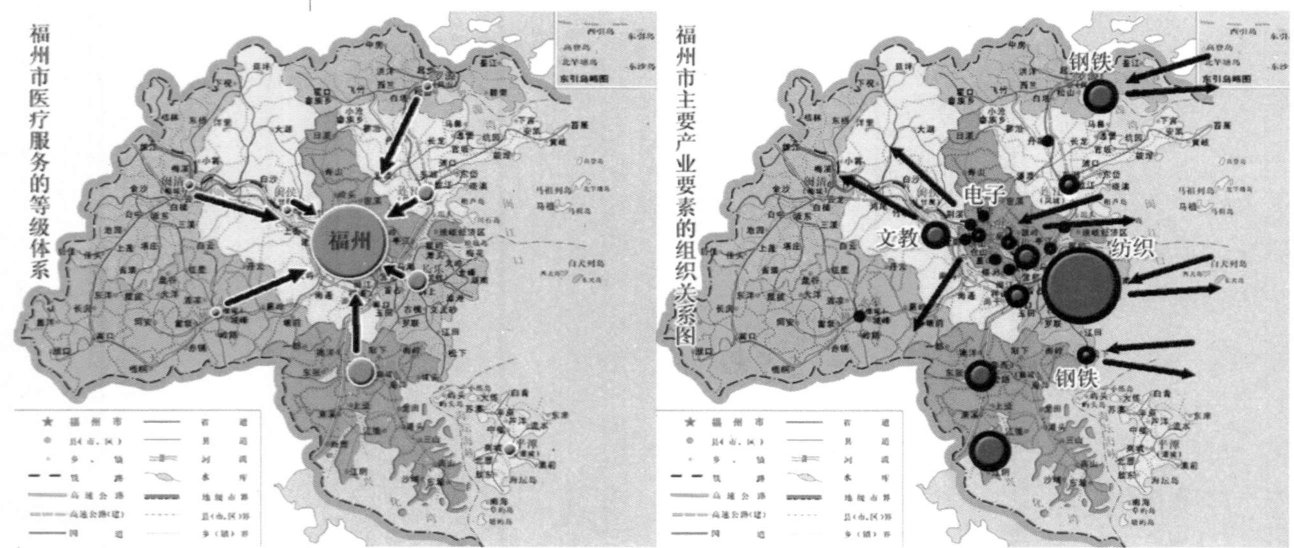

图75：左图的服务体系与右图的产业布局体系并不一致

3.结 论

对上述分析进行综合提炼，形成“多结构”理论，包含如下理论要义：

①城市系统是一个“多种功能结构”组成的复杂系统；

②结构的组织形式不一定是等级结构；

不同的功能体系有着不同的组织方式，复杂的城市系统往往是多种结构的叠加，既可能有等级结构，也可能有非等级结构，而更多的是后者，因为后者的组织形式更为多样，会存在非关联、关联、半关联、网络、半网络等形式。

三、“多结构”理论的重要价值

（1）对传统城镇体系概念的突破

等级不再决定一切。传统城镇体系概念实际上以“等级结构”为根本结构，即便提出了“职能结构”，也不过是前者的附庸。当生产力发生重大变化、要求人口分布也发生变化时，传统的等级结构往往束缚新的发展，因为新的体系并不遵循等级结构。此外，城镇体系的空间结构中常用的点轴结构也往往是一句空话。

只有破除等级观念，城市才能开始构建复杂系统。

“多结构”使城市系统开始分化，使大量新结构的构建成为可能，为生产力的发展提供丰富多样的结构支持。

（2）对新结构体系的贡献

“多结构”是“开放的复杂巨系统理论”的具体体现。

“多结构”使城市系统开始分化，使大量新结构的构建成为可能，为生产力的发展提供丰富多样的结构支持。

（3）对“层级”概念的证明

“多结构”与“单结构”相比，复杂程度上了一个层级。仅用传统的“层次”概念不能描述“多结构”形式，传统的层次概念仅指区域尺度的大小，不包含复杂程度。

（4）理解进化思想的基础

若定义某一封闭区域的“多结构”体系为原始层级，当其中某一个或多个结构在更大区域参与结构构成时，则称为结构的进化。

第六章 层级进化理论

一、层级进化思想的通俗解释

层级进化，可以通俗地称为整体进化。城市体系是多层次的，整体进化思想来源于“多层次协调”、对“全部层次”做“一体化统筹”。统筹结果势必形成“新结构”，或叫“新的城市系统”，新结构的每一个层次都应与原体系不同，所以叫做“整体进化”。

比如我们的空间体系往往是多层次的——市、县、镇、村，整体进化的结果可能使村庄不复存在（目前不易接受），代之以农场或农业作业点；也可能使镇萎缩或不再扩大规模，同时又形成一些新的集聚区、功能点等，无论从哪个层次看，都与原来农业背景下的空间形态完全不同——这就是整体进化。

在通常理解的多层次结构中，每个层次都有各自的组织方式。农业时代，层次间的交流很弱，层次间的矛盾不突出。工业时代，不同空间层次出现对接要求、甚至打破了空间层次的边界，这就会出现不同层次的组织方式间的矛盾、差异。一个层次要服从另一个层次的组织方式，就势必导致本层次组织方式改变。当所有层次都按照某一层次的秩序改变重组完毕后，系统就发生了整体进化，也就是层级进化——结构的复杂度就提高了一个或几个级别，而不是层次增加了几个层。

我国的城镇体系层次恐怕是最多的，不同层次间如何协调？传统的城镇体系规划沾了点边，但它的“层次”是简单、静态层次，远未达到“开放”、“复杂”的认识。“层次”之间一旦开放、要素互通，整个体系会全面变化。这将给规划理论和实践都开辟崭新的发展空间，所以说，“多层次协调思想”是一个颇具开创性的思想。

二、层级进化理论要解决的基本问题

层级进化理论研究的目的是希望解决以下两个基本问题：

（1）进化的原理

进化是否多个低层级系统“叠加”的产物？是否把许多城市或大都市区加起来就是国家系统？全国城镇体系与国家系统有何不同？这在本书称为“非线性进化”问题。即国家系统是一种全新的结构，不是原有子系统的自然延伸。

（2）多级进化的模式

进化是否必须按照层次高低逐层进行？这在本书称为“跨层级进化”问题。比如：是否要等每个省都形成地方性城市群之后，才能再发展更高级的国家级城市群？

三、需界定的基本概念

（1）层、层次

层：有“构成整个事物的一个层次”、重叠、重复之意，此处指城市系统“多层次”结构的某一层次。

在系统学界，“层次”概念与本书所说的“层级”概念接近，“层内结构”和“复杂性”概念（“级”概念）是系统学界的一种理论共识（即新层次涌现出新结构），但没有体现在词意中。

在城市规划界，“层次”概念是一个偏义词，基本是对区域尺度大小的描述，（重在描述图 76所示的垂直结构，“层次”可以近似地用“层数”概念代替，图76-①），而对每一层内部的结构（图 76-②的水平结构）及其复杂程度没有描述和认识[①]。这种层次概念是极不完整的：因为层次相同并不等于结构相同。

例如市域城镇体系和大都市区这两种结构的层次相同，都是市域层次，但结构完全不同。前者特征主要为：

①在空间上均匀分布、均衡发展，适合农业生产、但不适合产业集群；②城镇规模存在等级特征；③城镇间产业链关系薄弱，横向联系缺乏，也难以形成横向联系。

而后者特征为：

①空间不均衡，只在一定的区域内集聚，适合产业集群；②城镇规模不存在等级特征，人口频繁流动，城镇规模不固定；③“城镇”间产业链关系密切，横向联系紧密。

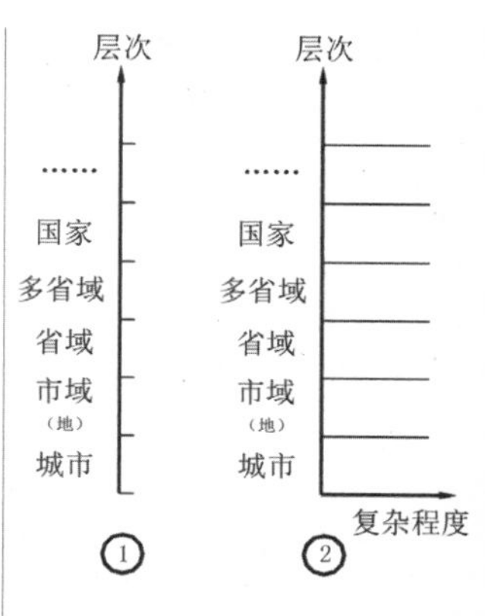

图76：城市规划与系统学界的“层次”概念比较①无复杂性②有复杂性认识

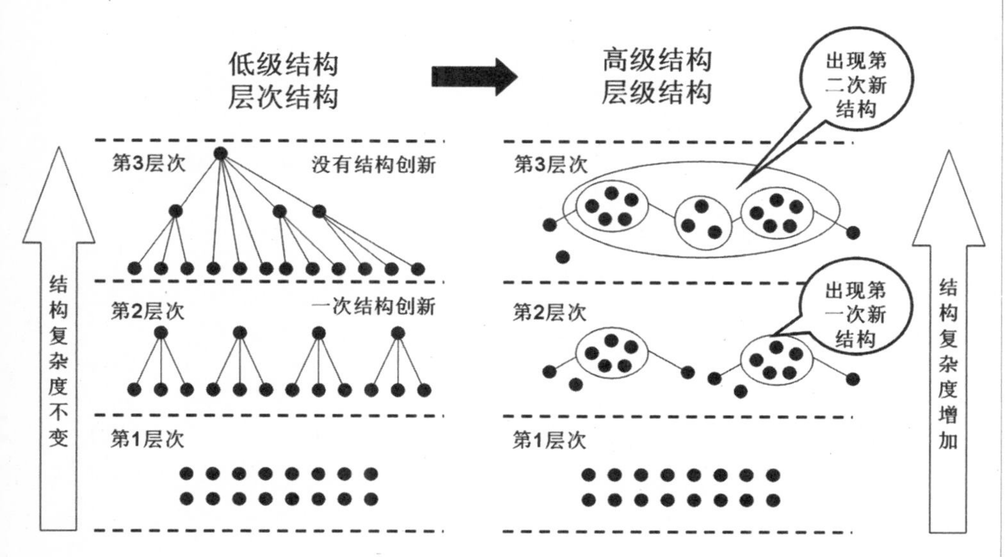

图77：层级结构的内涵——垂直的层叠结构+水平的层内结构

① 如C. A. Doxiadis按人口的对数值所做的层次体系。C. A. Doxiadis, Action for human settlements, Ekistics, 241, December, 1975.道氏按人口规模构建了人、房间、邻里……小城市、大城市……大都市区……普世城的层次体系。

上述两个系统的元素完全相同、层数也相同（3层），但结构完全不同。因此仅有层数的概念不能描述系统的真实结构，必须引入层内结构的概念。这种“垂直+水平”的复合结构称为“层级结构”。

城市规划界往往把高层次的作用仅仅理解为外部环境，并没有想到要参与高层次的结构建设，往往是竞争多于协作（既然竞争，当然彼此间无结构可言），这就是当前众所周知的“诸侯规划”。严格地说，城市规划界通常理解的“层次”概念并没有上升到“结构”的高度。

（2）级、非线性变化

“级”在本书有两重含义：一是指“结构的复杂级别”，“级别”在此处定义为：“经历一次‘结构创新’或一次‘非线性’变化形成的新系统与原系统之间的级差”。二是指多层次结构中“具有非线性结构的那些层”中的某一层。

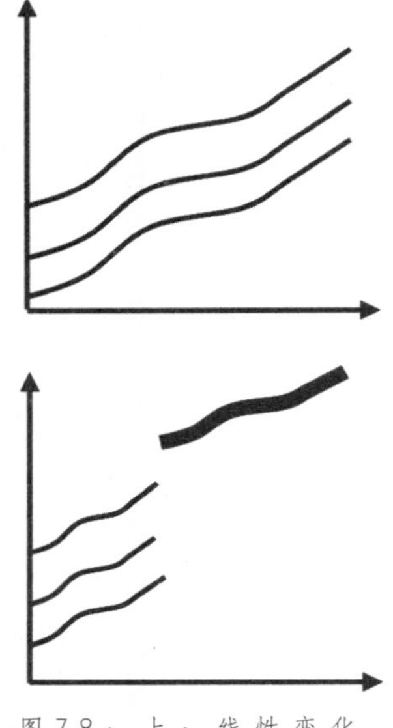
图78：上：线性变化，下：非线性变化

所谓“非线性变化”，是指不能经过子系统的简单叠加、延伸，而必须经过对原有结构的解体和重组才能形成新结构、新系统的过程（图 78）。例如：若干市域城镇体系经过简单加和形成省域城镇体系、若干省域城镇体系经过简单加和形成全国城镇体系，那么这一思路就是线性的、可叠加的组织过程，这一过程结构的复杂程度并不增加。相反，若一个区域中若干小城市经过重组产生大城市（人口和经济要素流动、重组导致有的小城市解体、淘汰、降级、削弱，有的地方则长出新的城镇，有的城镇干脆联片等，总之原有城镇格局面目全非）、大城市与周边邻近的小城镇再经过重组形成大都市圈、若干大都市圈的重组形成大都市连绵带……这一过程结构的复杂程度一次比一次高，其间并非所有的城市都经历同样的进化历程，有些被淘汰、有些被改变……这一过程就是非线性组织过程。非线性组织的结果就是产生新的结构，即系统论所说的“整体大于部分之和”，在系统学界称为“涌现性”（emergency）。城市系统每经过一次非线性重组，就会“涌现”（emerge）出新的结构形式，复杂级别因而提高。

（3）层级、层级结构、层级坐标系

通俗地讲，“层级”是在“层次”基础上增加了“复杂性”内涵的概念。例如，计划经济时代的全国城镇体系与全球化时代的全国城镇体系，层次完全一样，都是国家层次，但结构复杂度不同，若仅有层次概念便无法区分，所以提出层级概念。

严格地讲，“层级”是指多层次结构中的“非线性层”（线性部分的那些层的结构没有复杂程度的差异、没有级差，因而只能称为层次、不能称为层级）。

层级的界定包含三大要件：一是非线性结构的“层次”数量，二是每一层级的

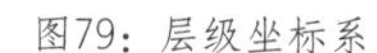

图79：层级坐标系

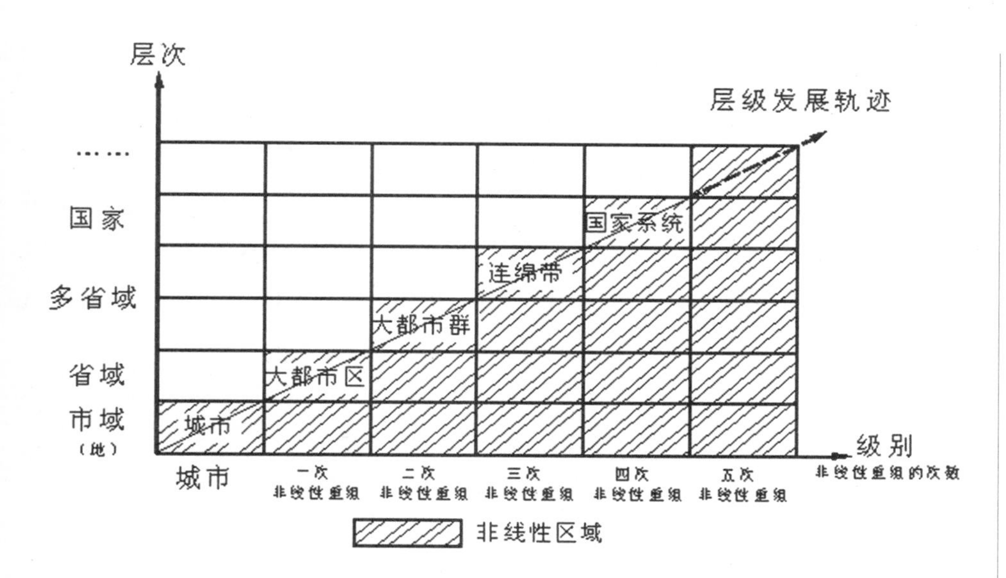

“层内结构”，三是结构的复杂级别或以单个城市为起点经历的非线性组织的次数（图 79）。

“层级结构”既指“非线性层”的“层内结构”，也指所有“非线性层”的垂直的“层叠结构”或层次结构。也可以是对“层内结构”和“层叠结构”的总称（图 79）。

以单个城市系统为起点、以非线性组织的“次数”为横轴、“层数”为纵轴构成的坐标系称为层级坐标系，也可称为层级演化空间（图 79）。某一层级在纵轴方向的位置称为“层位”，在横轴方向的位置称为“级位”。从图中可以看出，层级结构的集合构成阶梯状升高的非线性区域，这就是层级进化思想的形象表达。

（4）比较概念——等级、等级结构

相关研究并未看到对等级概念的明确定义，本书暂定义为是由城市的“级别高低”构成的结构序列，但“级别”一词又是一个更模糊的概念。从文献研究和规划实践，大致可将“级别”概念归纳为“服务级别”和“规模级别”两个主要内涵。

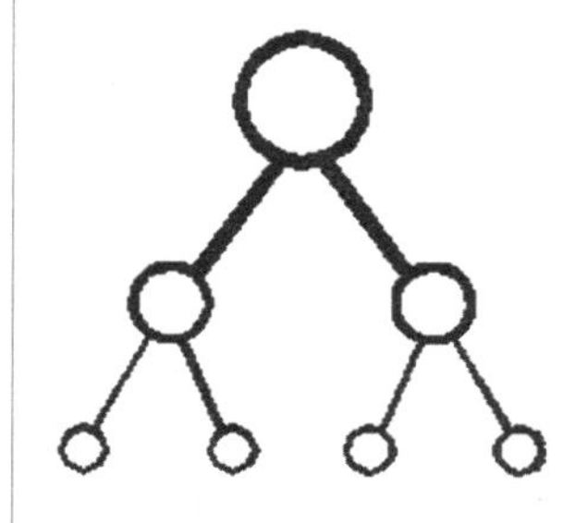

图80：等级概念

“服务级别”是指城市提供服务的等级高低、空间范围大小。“规模级别”的概念是指城市规模从小到大呈一定的比数关系，从而形成规模级别。

“等级”概念的理论基础是克里斯泰勒(W. Christaller) 的“中心地”理论。其核心概念是：城市是其腹地的服务中心，根据所提供服务的不同档次，各城市享有不同的腹地范围，这些范围的边界按一定比例由上向下嵌套、包含，形成一个呈等比分布的序列关系，即中心地的等级层次结构。贝克曼（Beckmann）将这一概念表达为数学形式①：

$$P_m = p_m + s \times p_{m-1}$$

① 南京大学城市规划设计研究所：《城镇体系规划讲义》，1995.10，P22。

上式说明m等级的城市所服务的人口总数（Pm）等于该城市人口（pm）加上s个下一等级城市所服务的人口数（pm−1）。其中，系数s就表明了等级之间中心地数量的倍数关系。

等级结构的实践基础是农业社会的生产力及生产方式，“中心地理论”仅仅研究了“农业地区①”的服务中心布局规律，不适用工业时代的城市体系组织模式。

通常理解的城镇体系的等级结构的所有等级加起来也只能算一个层次，即总体层次，并且结构语言单一，因此对认识复杂城市系统缺乏帮助。

例如：区域内有若干城市，按规模大小排列为（城1~城8……），其中城1、城8组成功能区1；城3~城5组成功能区2，城2、6、7组成功能区3，则层级结构和等级结构有完全不同的认识形式，见表 20：城市系统的层级结构和等级结构比较：

表 20：城市系统的层级结构和等级结构比较

层级结构								
一级结构	{ 功能区1−功能区2−功能区3 }							
二级结构	功能区1		功能区2			功能区3		
三级结构	城1	城8	城3	城4	城5	城2	城6	城7
四级结构	居住区、工业区、商务区、文教区、城市绿地……							

等级结构	
1级城市	城1
2级城市	城2、3
3级城市	城4、5、6
4级城市……	城7、8……

左表可以清晰地表明城市系统的实际结构，而右表对结构的复杂性无能为力，更会把本来联系紧密的城市组群莫名其妙地拆散（1和8拆散；3、4、5拆散；2、6、7拆散）。

四、进化

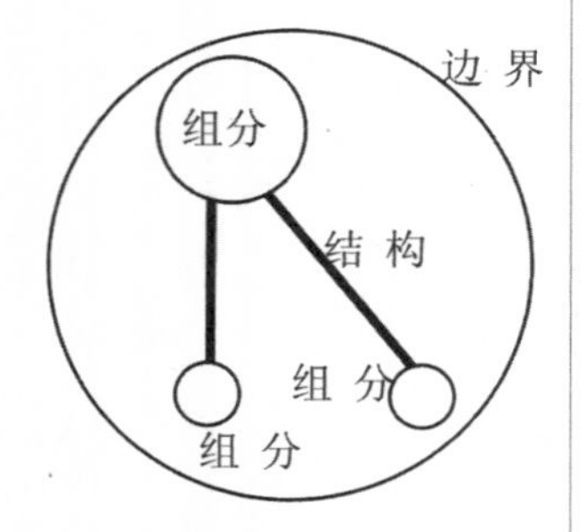

图81：系统进化的三个通道：组分、结构、边界

进化是指层级结构向复杂方向的演变，意味着质变。

由于系统的界定包括三大要件：组分、结构和边界，这三大要件就成为系统进化的三大结构通道。实际上，组分、结构和边界的变化是互相依存、彼此联动的，本书仅为说明基本概念而做分别的解释（图 81：系统进化的三个通道：组分、结构、边界）。

1.组分层面的质变

组分可以向下分解为更小的元素，一旦组分解体，那么原有系统也必然崩溃，包括原有的结构和边界（或子边界）都被打破。元素重新组织则导致新组分或新系统创生。

① “……当然，这不过是对以农业为主的区域人口的大致估计。”可见，中心地理论主要是以农业地区为研究对象。见[德]沃尔特·克里斯塔勒《德国南部中心地原理》，北京，商务印书馆，1998年5月，P83。

例如，城市体系的组分——城市——可以分解为工业区、商务区、居住区等（还可再向下细分），若将某工业区的职能分解，留下高端研发、管理职能，而将中低端职能分解到区域其他城市，则可能在区域层面形成若干专业性产业群区，如冶金工业区、石化工业区等。这些被分解的职能虽然在空间上不一定连续也不一定属于同一家企业，却具有紧密的产业链关系，所以必须承认它形成了新的系统，原来的单体结构演变为多体联合结构、原来不相干的区域变得互相依存，结构形式比原来复杂了，因而也进化了。这是化整为零的方式。

另一种是化零为整的方式，如：村村点火、镇镇冒烟的工业布局，经过整和形成规范的工业区，共享基础设施与服务设施，这也导致整个城镇体系的变化。原来互相竞争、互不相干的城镇，演变为有共同经济中心的整体，由此导致人口和居住方式的连锁跟进，最终形成新的系统，比原来的城镇都更复杂，因而也进化了。

2．结构层面的质变

结构的变化形式包括如下①、②，或两者都有：

①层次高度升迁：即层次数量的增多、边界的扩大，导致增加了新的组分和子系统，因而必须产生新结构来协调既有和新增子系统的关系，并进一步导致所有层次的结构刷新。如由单层次变为多层次、由封闭结构变为开放结构（如打工经济）、由实体结构变为虚拟结构（如跨国企业、全球生产、全球采购）、由地方型结构（如京津唐、辽中南、鲁半岛）转变为区域型结构（环渤海）和国际型结构（东北亚）等形式；

②层内结构重组：通过对现有子系统的结构解体并重构而产生新结构。如由单核心城市体系变为双核心或多核心城市体系、由树型结构变为网络结构、由均匀结构变为非均匀结构、由非交叉结构变为交叉结构（即一个组分可能属于不同的城市体系或产业体系，如区域机场、区域物流中心等）、由完整结构变为碎片结构（如农村的居住生活功能取消演变为单纯的作业点）等。

在结构解体与重建过程中，必然涉及子系统或组分的解体，甚至会创生出新的组分和子系统，同时，边界、子边界（子系统的边界）也会频繁变动、交叠。因此，结构的变动也离不开组分和边界的协同运动。

3.边界与质变

此处所指边界是指非线性边界，通俗地讲，就是省域、市域等区域边界。质变过程的边界变化有两种情形：

①边界扩大导致结构进化。边界的扩大意味着系统活动范围的扩大和交叉，意味着增加了新的元素和组分，因此也必然伴随着结构和组分的解体与重建。例如：在计划经济时代，某省形成城镇体系A；在市场经济条件下，经济活动的边界扩大，劳动力、资源等生产要素在国家甚至更大范围流动、重组，形成新体系B，则A<B，且B比A更高级。这一过程的系统边界由省域扩大到了国家和全球。

②边界不变、结构也会进化。例如，在同一个区域内，功能的层网化与分离化导致结构向复杂方向进化：农村生产职能和居住职能剥离，区域物流体系、生产体系、管理体系、商业服务体系、居住体系等的剥离和自成网络，使城市系统向层叠状网络结构演化（层网结构）。具体形态如：同一个边界内城镇体系向大都市区的演变（美、加等国的大都市区就是一种典型的层网结构：居住层、工作层、商业网、教育层、医疗网、基础设施网、旅游休闲层等，层与层之间并非一一对应关系）。

4.本书研究的进化形式

本书主要结合我国城市系统实际，以“区域边界的扩大”和“结构层位的升迁”为进化形式界定研究范围。因为我国目前主要面临着城市系统边界扩大的问题（即生产要素开始在更大的范围内组合），在边界动荡时期讨论“边界不变而结构进化”的问题是不合时宜的。只有在未来边界稳定之后才可以讨论“边界不变而结构进化”的问题。

根据这一界定，进化将与边界的逐级扩大相对应，因而称为层级进化，并且在层级坐标系中呈现为一个阶梯状的上升序列。

五、层级进化

1.概 念

本书仅讨论边界的扩大导致的层级进化，即边界每扩大一次，非线性层位就提高一层、整体结构就刷新一次、结构的复杂程度就升高一级。所以，“层级进化”是指非线性结构以层级为单位向高级方向的演化。

图 82中a区与b区虽然层次相同，但结构不同，b区更高级——例如，市域城镇体系与大都市区的空间层次相同，但结构级别不同，大都市区的结构更复杂。从前

者到后者的进化就是一个层级进化。

2.“层级进化”的形式

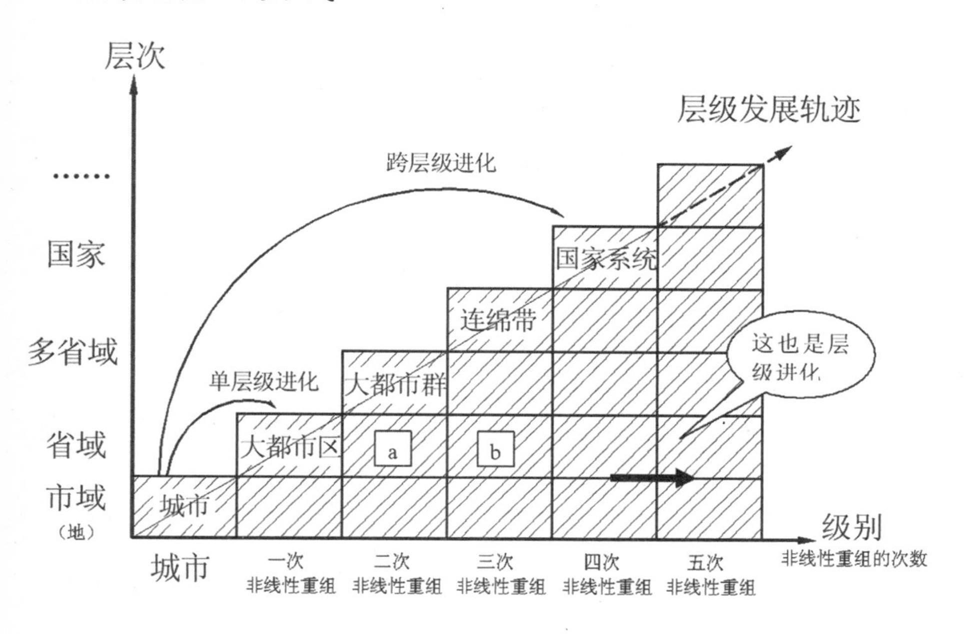

图82：层级进化的形式——单层级进化和跨层级进化

“层级进化”包涵两种形式（图 82）：

①仅有一个“级差”的进化，可称为“单层级进化”，或称为“逐级渐进式进化”。这一过程系统的非线性结构层次增加一层，复杂程度增加一级。

②跨越多个层级发生的进化，可称为“多层级进化”——本书认为当某城市系统具备跨越多个层级的发展条件时，其演化方式将是多级联动而非逐级渐进的，甚至可能出现跨越式发展。

3.层级进化的特征

（1）单层级进化的特征

单层级进化具备两大特征：①创新性 进化伴随着新结构产生，即“结构涌现性”，或称“非线性重组”。原有低级结构的简单加和不能形成高级结构。②遍历性：新结构的影响将遍历系统的每一个角落。

（2）多层级进化的特征

多层级进化除具备单层级进化的特征外，还具备另外三大特征：

①“跨越性”，即结构层次增加多个层，复杂程度增加多个级。若系统具有跨越多个层级的能力时，无须再一级一级渐次进化。

②“联动性”，即多级联动、一步到位。这正如M·艾根在《超循环论》一书中所说，超循环“可以是从直接的二级耦合直到n级的复合超循环（即多级循环，每一级循环即是一次层级进化，笔者注），在复合超循环中，每一步反应（即每一次循环，笔者注）都需要所有成员协同行动[①]”。多层次的城市系统从低层级向高层级的变化，也必须要求所有层次、所有组成部分一齐行动。

③高位主导性，即最高层级成为结构形式的主导力量，所有低层级均以高层级为依据进行调整。

“层级”结构是一个以系统理论为依据的“科学”概念，是构建高级复杂城市系统的基本结构，它包涵了垂直结构、水平结构和复杂程度三重内涵。

层级进化思想的核心内涵是：城市系统从低级向高级的进化是一种以新结构创生为代表的“非线性变化”。

国家系统是理论推导的结果，也是未来我国城市系统发展的必然趋势。

传统的城镇体系思想是一种“线性加和”体系，不能形成高级结构。

① M.Eigen & P.Schuster,*The Hypercycle – A Principle of Nature Self-Orgnization*, Springer0Verlag 1979,曾国屏、沈小锋译《超循环论》，上海译文出版社，1990年5月，第141页。

第七章　我国现行国家系统的基本问题

图83：我国东中部主要中心城市的空间结构判断

一、空间结构基本问题——松散，从上到下、一散到底

（1）国家层面：主要城市均匀分布

从图 83可知，在国家层面，我国主要中心城市的分布呈现较强的空间均匀性（中心城市包括各省会和主要的经济中心城市如大连、烟台、青岛、泉州、厦门、深圳、香港等）。

与中国不同的是，美国、加拿大等国已不便采用“中心城市”的概念，而是采用“城市地区（urban region）”或“大都市区”等概念。美国在1975年主要城市地区的空间形态图显示了大尺度的集聚特征（图 84）。

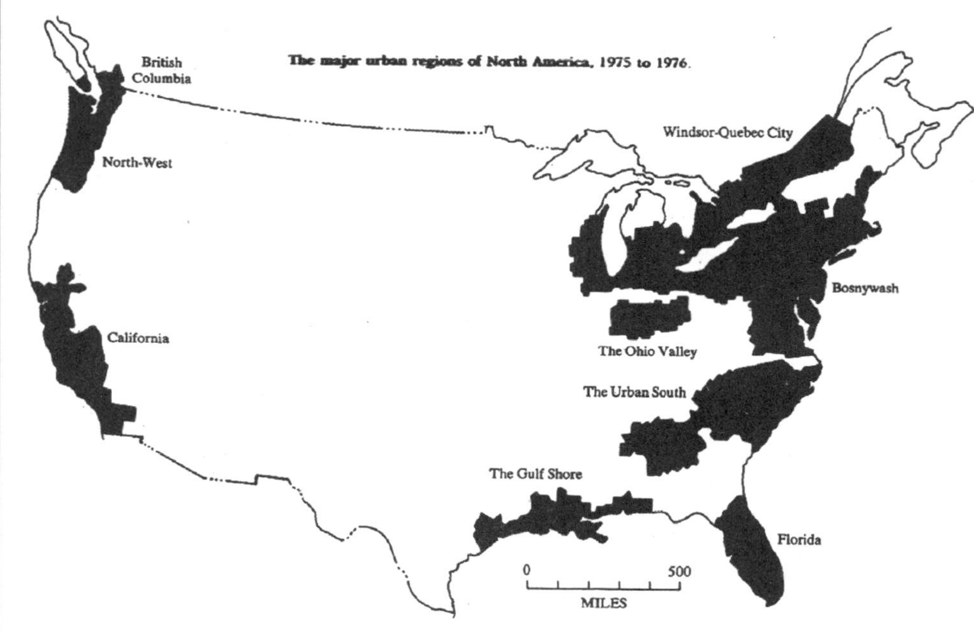

图84：北美主要城市地区（urban regions）（1975-1976）[①] 呈现出大尺度集聚特征。

（2）跨省城市群层面：城市群虽聚尤散（以长、珠三角为例）

①长三角　我们通常所说的长三角“城市群”地区，是若干城市的集合，虽然较国内其他地区城市密度大，但若与美国的大都市连绵带、日本三大都市圈、英国伦敦–利物浦城市群相比，长三角城市群仍显得“相当松散”。

②珠三角　珠江三角洲地区，看似集聚，实际仍较松散：城市与城市之间基本仍为大片的农村景观，作为国家级优势区位的集聚作用并没有充分发挥，其连绵带的大部分区段相当薄弱，并且大致是靠农村才“连绵”在一起，所谓连绵带的“性

① Maurice Yeates and Barry Garner: *The north American city*,San Francisco : Harper & Row, Pub., 1980, figure 18-1

图85：长三角城市群（左上）与日本三大都市圈（右上）、美国大都市连绵带（左下）、英国伦敦-利物浦城市群（右下）空间形态比较（等比例卫片，底图：google earth）

图86：珠三角（左）与东京都市圈（右）的比较（同比例卫片）

质”并不是100%的城市属性。与美国连绵带、东京都市圈等相比，还存在“质”的差距。

（3）省域层面：主要城市松散分布（以河南、湖北、山东省为例）

河南省、湖北省、山东省主要城市在大地上呈松散状分布。

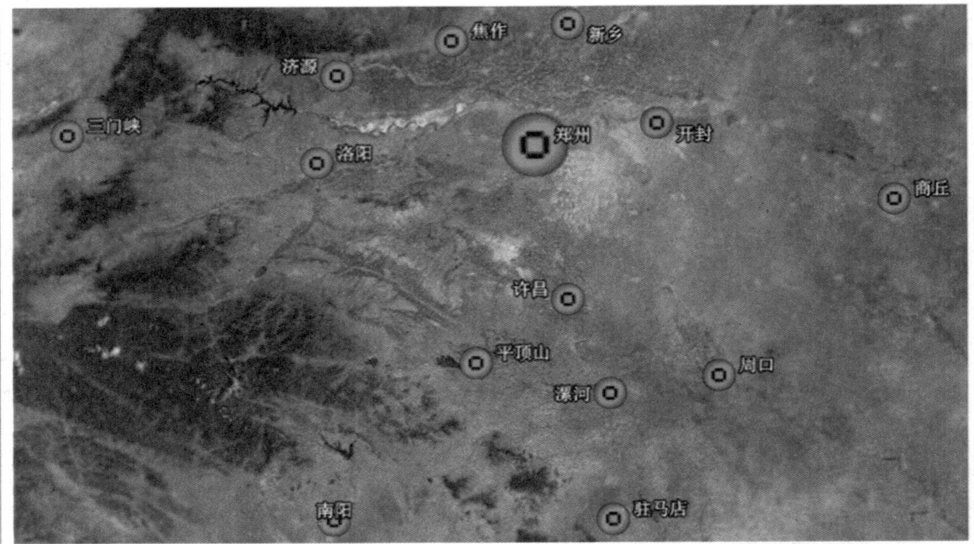

图87：河南省主要城市在大地上呈松散状分布（这种布局结构只有在农业社会才是理所当然的。）

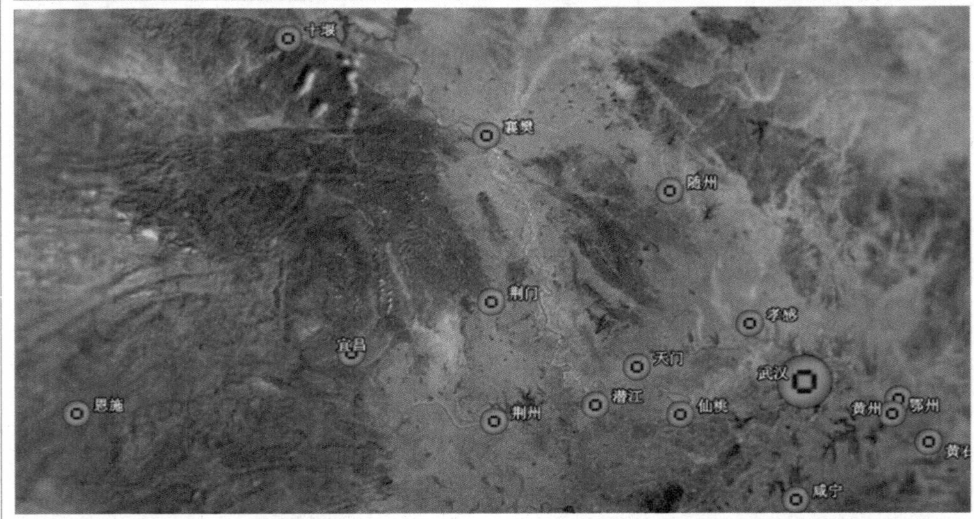

图88：湖北省主要城市在大地上呈松散状分布（这种布局结构只有在农业社会才是理所当然的。）

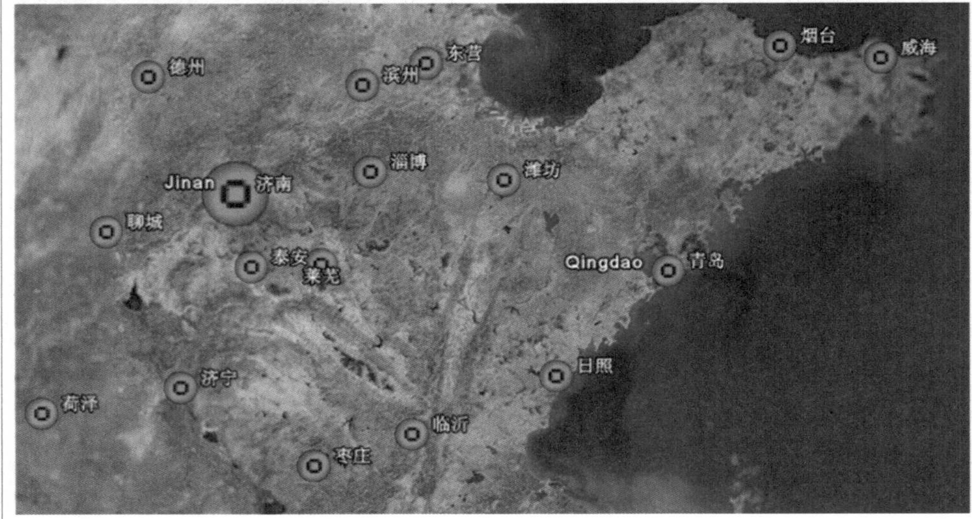

图89：山东省主要城市在大地上呈松散状分布

（4）地级市层面：主要城市松散分布

洛阳、宜昌、黄冈、烟台市域主要城市在大地上呈松散状分布。

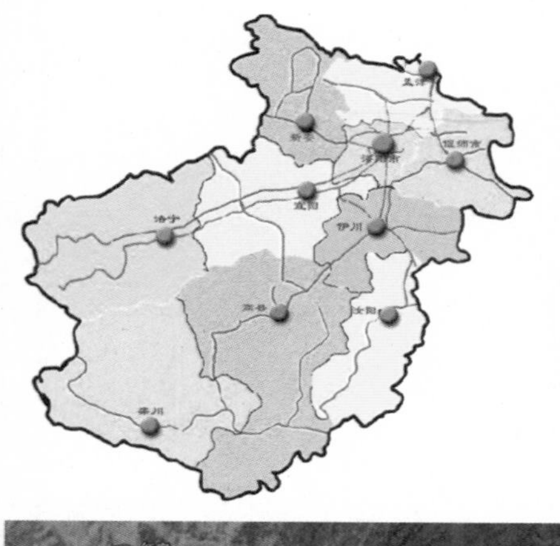

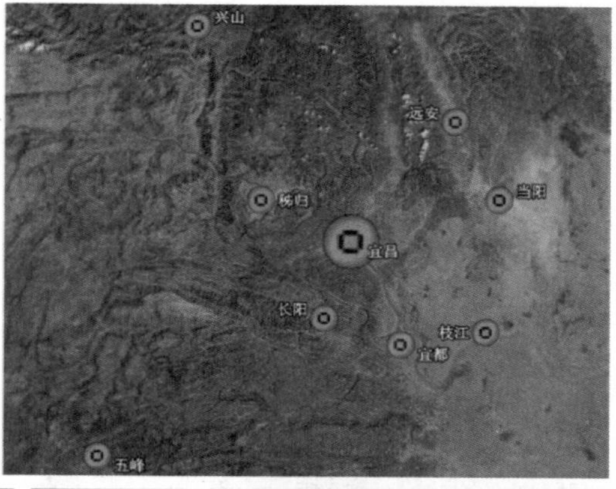

图90：洛阳、宜昌市域主要城市在大地上呈松散状分布（左：洛阳http://www.hnchj.com/hnchj/E_map/luoyang.htm；右：宜昌）

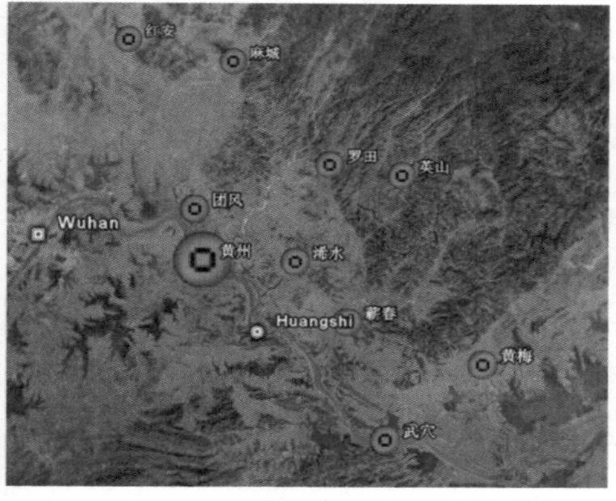

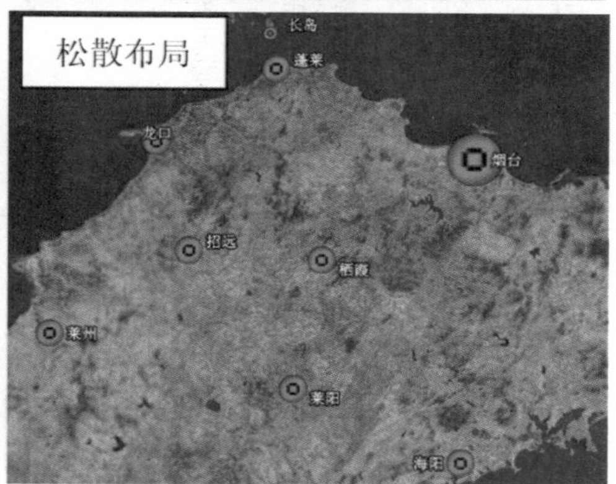

图91：黄冈、烟台市域主要城市呈松散分布

（5）县域层面：主要城镇松散分布

河南新安县、湖北当阳市、福建沙县三个样本的县、市域城镇在大地上呈松散状分布。

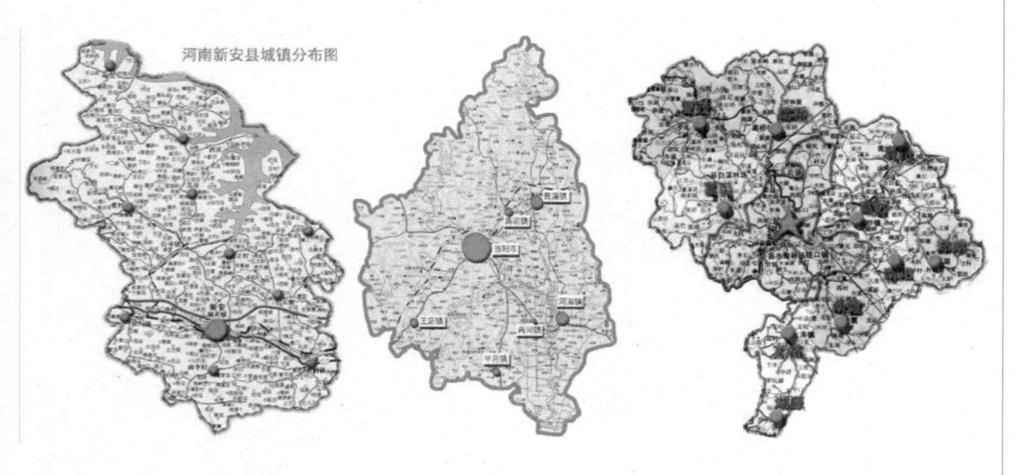

图92：县域城镇在大地上呈松散状分布（左：河南新安县，中：湖北当阳市；右：福建沙县）（http://www.hnchj.com/hnchj/E_map/luoyang/xinan.htm）

山东莱阳、海阳市域城镇在大地上呈松散状分布。

图93：山东莱阳、海阳市域城镇在大地上呈松散状分布

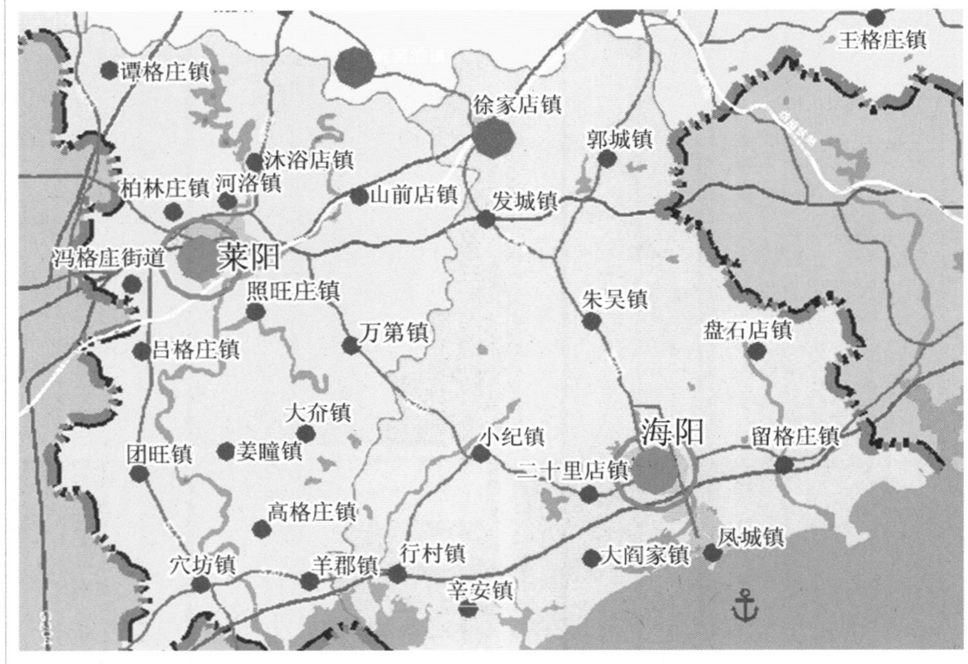

（6）乡域层面：农村星罗棋布

中国空间结构的松散形态一直延续到基层的农村，从中美农业地区的对比可以清晰地看出其间的差别。农村在，为其服务的城镇就必须存在，所以中国广大的农村是产生“中心地体系”的根基。

图94：中美农业地区空间形态比较　（左：中国新乡农村，右：美国底特律市西南农业地区）

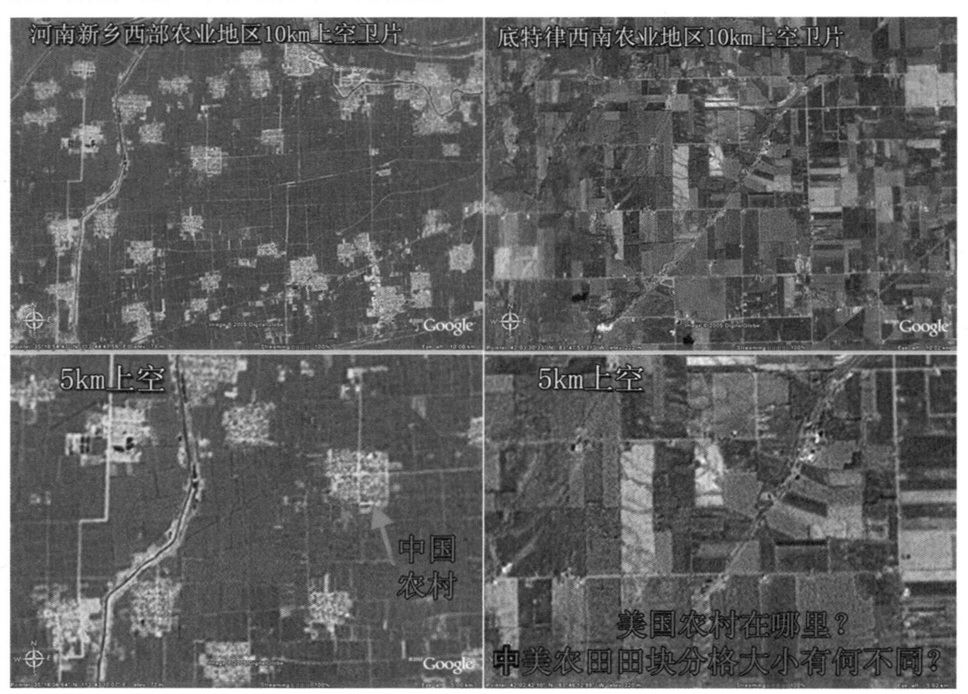

二、现行空间结构的“中心地”特征判断

“中心地”理论(Central Place Theory)是德国城市地理学家克里斯泰勒(W. Christaller)1933年提出的，其核心概念是：中心地的等级层次结构。即：城市是其腹地的服务中心，根据所提供服务的不同档次，各城市之间形成一个有规则的等级序列关系。但克里斯泰勒承认自己的研究“不过是对以农业为主的区域人口的大致估计[①]”。所以，中心地实际上是农业时代的产物，其两大特征为：均匀分布、等级结构。前文已对均匀分布特征做了分析（松散），以下对等级结构特征进行分析，从规模的等级特征和“中心服务”的等级特征两个方面入手。

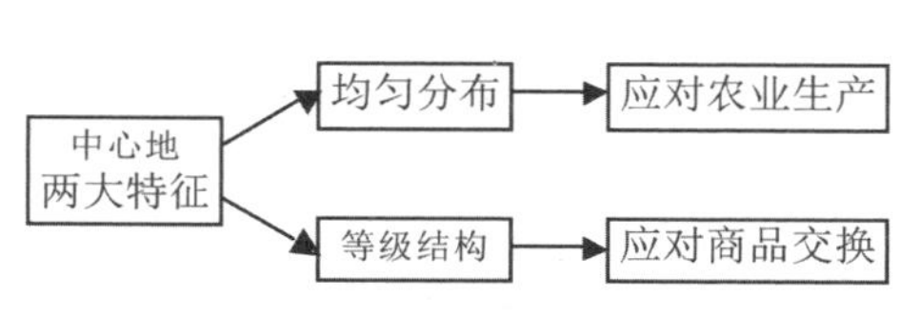

1.“规模”的等级特征判断——树根型结构

（1）国家层面城市体系等级规模的“树根型”结构

学术界常用城市的规模等级和各等级的城市数量描述城市体系的等级结构。我国2003年城市体系的等级规模结构如下表，将表转换成图形可以直观地看出我国城市体系的树根型结构特征。

表 21：2003年我国城市体系规模结构

规模等级（市辖区人口）	个数	比例
>1000万	3	0.5%
500万~1000万	11	1.7%
200万~500万	29	4.4%
100万~200万	69	10.5%
50万~100万	113	17.1%
<50万	435	65.9%
合计	660	100%

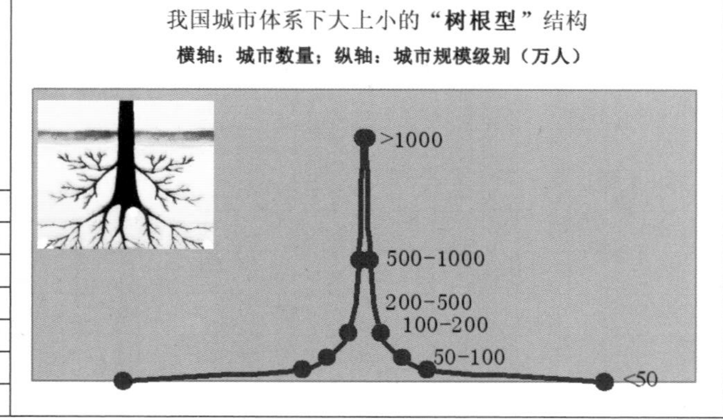

数据来源：《全国城镇体系规划纲要（2005～2020）》

与上表保持同一时间段，对50万人规模以下的城镇体系做进一步分析，仍可看出树根型结构特征。根据民政部有关文件，建制镇人口规模一般>2 000人，县级市人口规模一般>12万，地级市人口规模一般>25万（均为非农人口[②]），因此我国城镇体系的规模结构与行政体系结构高度一致。根据《2004中国统计年鉴》，我国2003年城镇体系等级规模结构也呈现为树根型结构：乡镇数量巨大，如同树的根

① 见[德]沃尔特·克里斯塔勒《德国南部中心地原理》，北京，商务印书馆，1998年5月，P83。

②《国务院批转民政部关于调整建镇标准的报告的通知》，1984.11.22实施。《国务院批转民政部关于调整设市标准报告的通知》，国发[1993]38号。

须，城镇等级越高，数量越少。

表 22：我国2003年城镇体系等级规模结构表

地级区划数	县级区划数	乡镇区划数	“树根型”结构关系 地级：县级：乡镇	城镇体系的树根型结构图
333	2016	38316	1：6.1：115.1	地级城市数量 县级城市数量 乡镇数量

资料来源：《中国统计年鉴2004》。

（2）省域层面城市体系的树根型结构

上述“树根型”结构描述了我国国家层面城市体系的整体结构形式，而更值得关注的是这种结构形式向下具有逐层“可分性”，即在省域、地级市市域、县域等层次均具有“树根型”结构特征。

表 23：我国省域层面城镇体系的树根型结构关系

地区	地级区划数	县级区划数	乡镇级区划数	树根型结构比例关系 地级区划：县级区划：乡镇级区划
河北	11	172	2 246	1：16：204
山西	11	119	1 398	1：11：127
内蒙古	12	102	1 010	1：9：84
辽宁	14	100	1 521	1：7：109
吉林	9	60	900	1：7：100
黑龙江	13	128	1 279	1：10：98
江苏	13	100	1 265	1：8：97
浙江	11	90	1 324	1：8：120
安徽	16	105	1 508	1：7：94
福建	9	85	1 104	1：9：123
江西	11	100	1 546	1：9：141
山东	17	137	1 826	1：8：107
河南	17	159	2 406	1：9：142
湖北	13	103	1 232	1：8：95
湖南	14	122	2 407	1：9：172
广东	21	121	1 585	1：6：75
广西	14	110	1 247	1：8：89
海南	3	20	224	1：7：75
四川	21	183	4 657	1：9：222
贵州	9	88	1 507	1：10：167
云南	16	129	1 388	1：8：87

续表

地区	地级区划数	县级区划数	乡镇级区划数	树根型结构比例关系 地级区划：县级区划：乡镇级区划
西藏	7	74	694	1：11：99
陕西	10	107	1420	1：11：142
甘肃	14	86	1347	1：6：96
青海	8	43	395	1：5：49
宁夏	5	22	237	1：4：47
新疆	14	101	1035	1：7：74

注：本表资料来自国家统计局网站2013年数据。

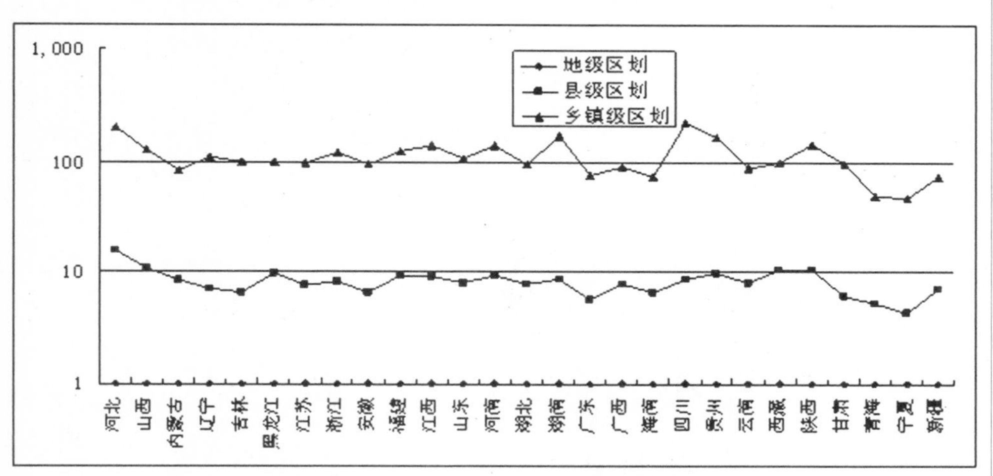

图97：城镇体系的树根型结构比例关系[横轴：各省区；纵轴：乡镇数量：县级城市数量：地级城市数量的比值的对数值，地级城市数量折算为1]本图说明：各省树根型结构大致相似。

（3）地、县级市城镇体系的树根型结构——以烟台、宜昌为例

城镇体系的“等级特性”在地级市市域、县域尺度上仍具有极好的可重复性。为说明这一特性，以烟台及宜昌市域各城市为样本做“等级规模”分析。

表24：烟台市域城市体系的等级规模分析——典型的树根型结构

等级	城市	2004年城市人口
中心城市	烟台	127
县级城市（长岛略）	莱阳	25.6
	龙口	20.5
	莱州	19.5
	海阳	17
	招远	15
	蓬莱	13
	栖霞	9
其中蓬莱各镇城镇人口	大辛店	1.8
	小门家	0.9
	潮水	1.2
	大柳行	0.8

城市人口（万人）
140
120
100
80
60
40
20
0
烟台
莱阳
龙口
莱州
海阳
招远
蓬莱
栖霞
还有若干农村
大辛店镇
小门家镇
潮水镇
大柳行镇
村里集镇

上图说明：农村是这棵大树的根基，农村在，等级体系就在。

表 25：宜昌市城镇体系的“等级规模”结构

序列	宜昌	非农人口
1	市区	662320
2	当阳市	82249
3	枝江市	73433
4	宜都市	69064
5	长阳县	33548
6	远安县	33406
7	秭归县	33122
8	兴山县	21709
9	五峰县	10682

当阳市	
育溪镇	7663
河溶镇	7301
王店镇	6189
半月镇	4313
庙前镇	3536
两河镇	3470

秭归县	
归州镇	6840
郭家坝镇	4980
沙镇溪镇	3293
屈原镇	2350
两河口镇	1567
杨林桥镇	1259

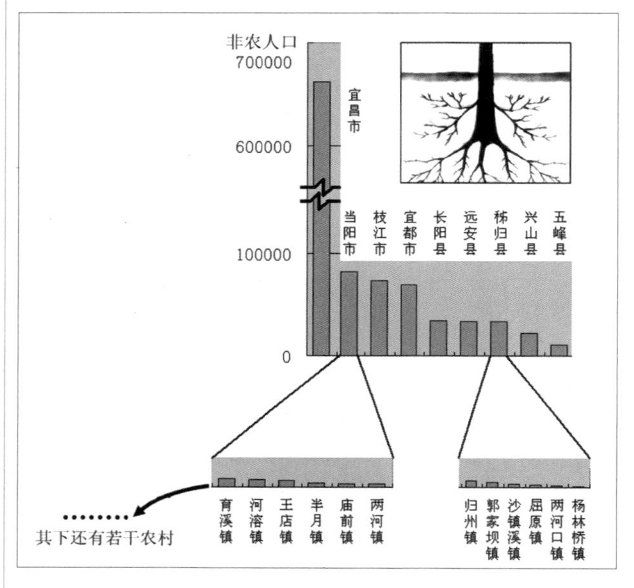

图99：宜昌市“城镇体系”分析图——典型的树根型结构（资料来源：宜昌市五普资料）

左图说明：农村是这棵大树的根基，农村在，等级体系就在。

上述样本分析说明，我国地、县级市城镇体系存在明显的“等级”现象。（这是一种“家喻户晓”的结构，人们已经“见惯不怪”，以至于常常不假思索地认为城镇体系天生就应该如此。）

2.“中心服务”的等级特征判断

按照中心地理论，构成中心地的基本条件是“中心商品”和“中心服务”。在我国可用“批发零售贸易总额”作为替代指标。

（1）省域层面“中心服务”的等级特征

依据《中国城市统计年鉴-2013》各城市市区限额以上批发零售贸易业商品销售总额可作为中心地的关键判别指标，绘制分省排序图如下（图 100）。

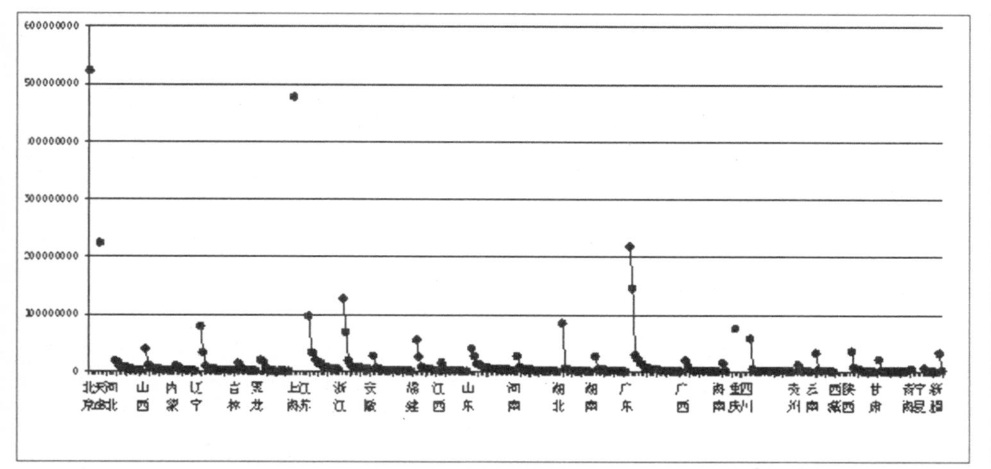

图100：2012年全国地级以上城市市区限额以上批发零售贸易业商品销售总额（每条曲线表示一个省或自治区的城市贸易额排序的连线；横轴：分省排序；纵轴：贸易额–万元）

（每条曲线表示一个省或自治区的城市贸易额排序的连线；X：分省排序；Y：贸易额–万元）

（资料来源：中国城市统计年鉴2013）

可以看到，各省限额以上批发零售贸易额存在明显的等级特征：各省的中心城市占据主要贸易分额，位于各曲线的最高端，若干次一级城市贸易额靠近底端且数值相近，表现为多数曲线有近似的水平段。同时，各省贸易额曲线的线型相似（L形），都有高直段和低平段，说明各省“中心服务”自成体系。因而可以认定我国城市体系在省域层面具有中心地的等级结构特征。

（2）地级市层面“中心服务”的等级特征

以烟台市为例，说明我国城市体系在地级市域层面具有中心地的等级结构特征。（表 26：烟台市中心服务的等级特征研究）

表 26：烟台市中心服务的等级特征研究

指标	社会消费品零售总额（万元）
市区	1271997
龙口	387768
莱阳	425973
莱州	425980
蓬莱	217016
招远	355650
栖霞	273689
海阳	252690
长岛	50370
总计	3661133

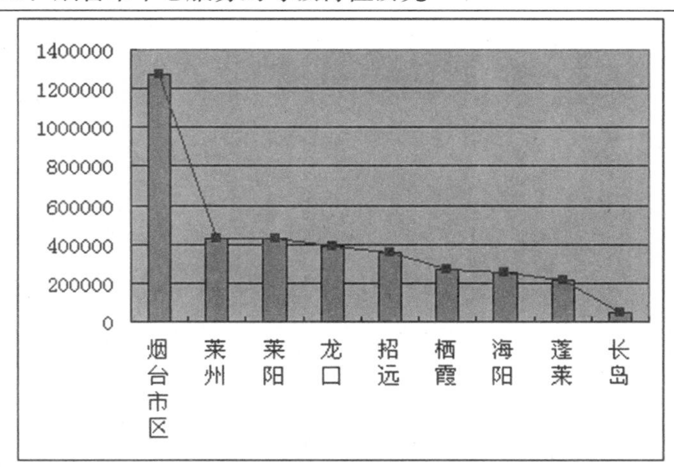

来自2004《烟台统计年鉴》

3．“中心地体系”的最终判定依据——农业

从“人口—产业”相关性分析图（图 102、图 103）可以看出，我国人口的产业分布与第一产业强相关，与工业弱相关，说明整体结构仍是一个农业结构。这成为确认国家结构整体属于“中心地体系”的最终判定依据。

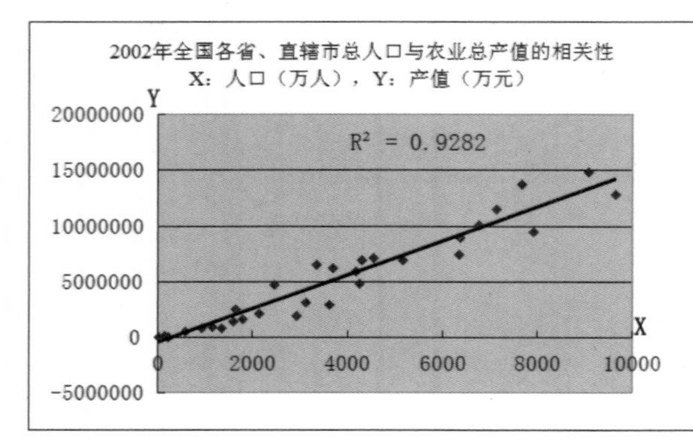

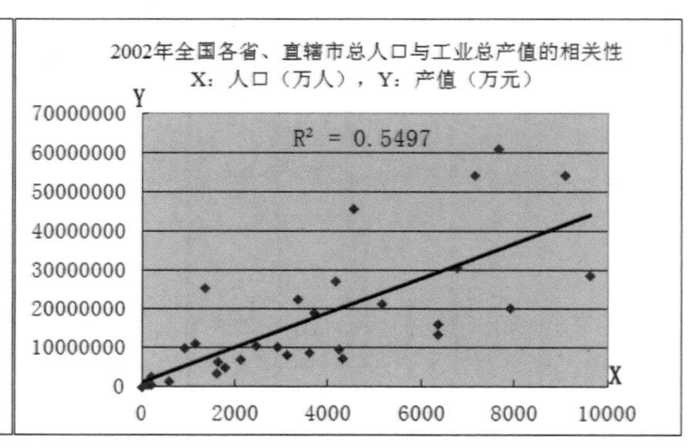

图102：左图：我国人口分布与农业产值强相关　　右图：我国人口分布与工业产值不相关

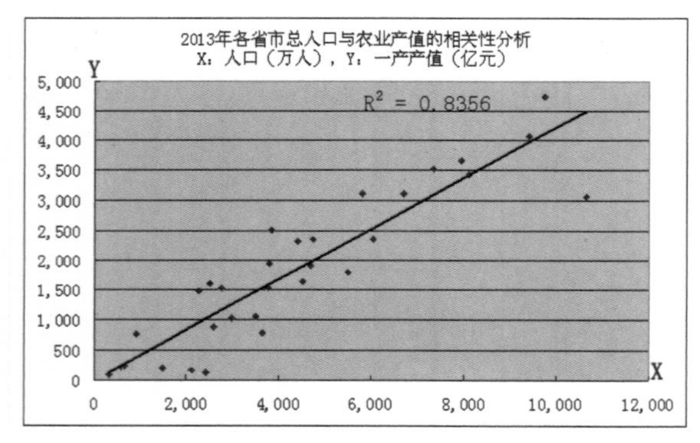

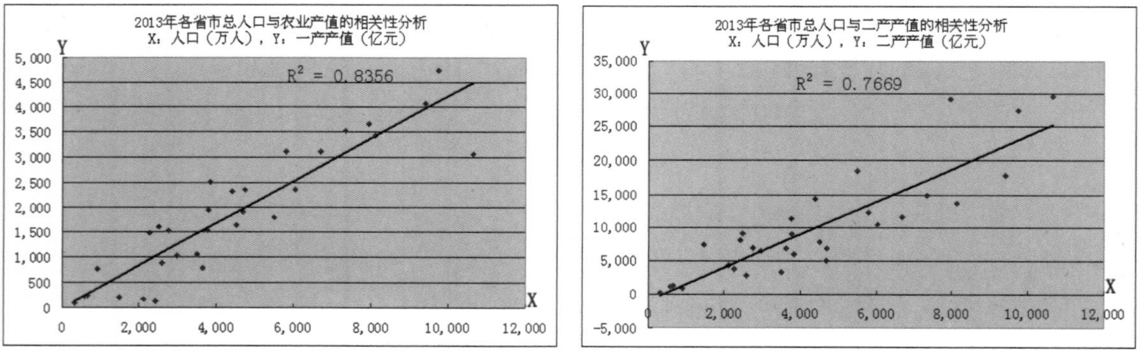

图103：左图：我国人口分布与农业产值强相关　　右图：我国人口分布与工业产值弱相关

资料来源：《中国城市统计年鉴2002》国家统计局网站2013年数据。

三、产业问题

（1）工业化、全球化、后工业化、新常态接踵而至，国家结构整体滞后

我国2005年人均GDP为14 185.36元（1725美元），按钱纳里的判断标准，大致进入工业化阶段。

我国外贸依存度自2000年约35%开始至今，经历了冲高回落的阶段，最高点2006年达到65%，2013年降低到45.4%，但外贸进出口总额仍持续增长（图 104）。这表明我国经济增长正由外需拉

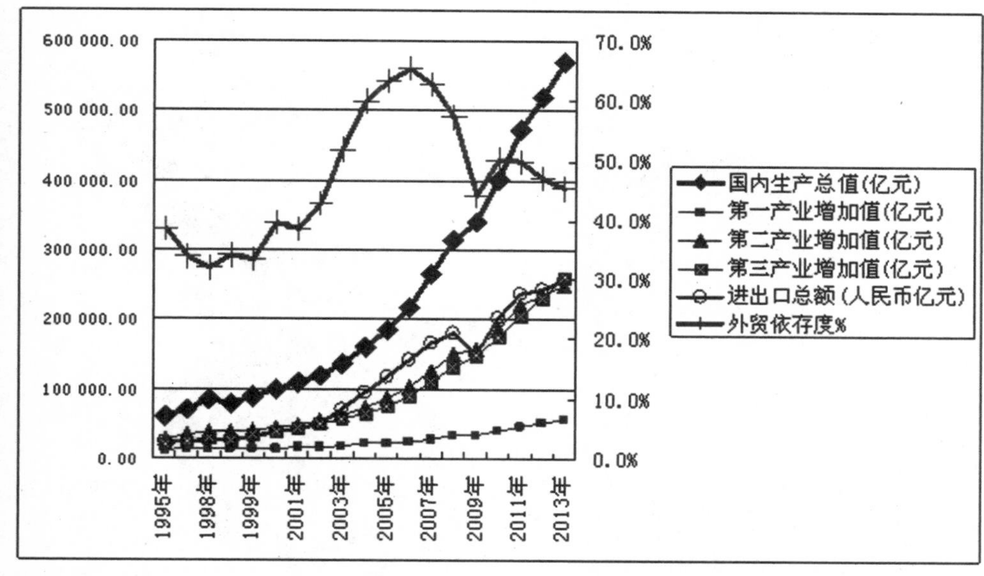

图104：我国1995～2013年GDP、进出口总额、外贸依存度变化历程

动向内需驱动转变。但同时，大量制造业产能过剩，成为当前经济领域的突出问题。

数据来源：《国家数据》，国家统计局网站公布（http://data.stats.gov.cn）

2014年12月11日的中央经济工作会议提出未来我国发展阶段将是一个“新常态”阶段，即发展速度调低、产业结构转型的阶段，以服务业、新兴产业为主导的个性化、多样化消费阶段将要来临。

如何理解内需驱动及新常态背景下的国家空间系统?

相比美、日和巴西等国的外贸依存度均在30%左右的水平，我国外贸依存度仍有降低的空间，未来的产业构成大致将由外贸性工业、内需性工业、服务业、农业构成。其中，对应于外贸性工业的空间形态已明显形成三大沿海城市群，这些城市群今后仍将继续优化、完善。而对应于内需性工业的空间形态，要么就是完全依附在沿海城市群上，要么就是发育出内陆型城市群，借鉴美国、欧洲的空间形态，内陆型城市群是可以形成的，结合我国人口大国的实际，内陆型城市群更有发展的必要性，因为如果依附在传统城镇体系上，是不符合现代工业发展要求的。而对应于服务业的空间形态则应主要依附于城市群地区。因此我国未来的主导空间形态应是发展城市群或集聚区体系。

这一总体要求与我国内陆地区现实主导的城镇体系形态是不一致的。

（2）布局松散，发展脱节

根据图 105，经济密度的分布与城市体系不尽一致，出现脱节，说明现行城市体系的松散结构不利于现代生产力的发展，这成为一个基本的结构性矛盾（图105）。

图105：经济密度与城市分布不尽一致，现代经济与传统城市体系脱节

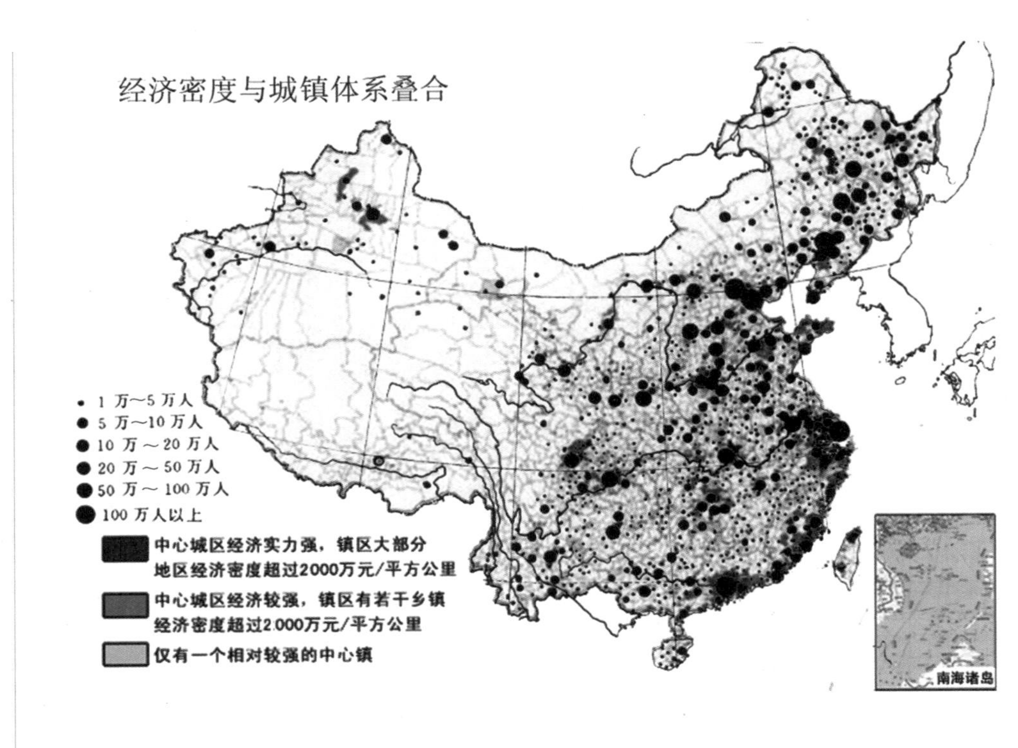

城市布局松散的结果就是各省区竞相发展自己的经济体系，并且三次产业结构相似，说明经济活动分散、难以集聚，因而抑制发展。见图 106。

（3）二元经济，不成体系

我国科技水平、制造业水平等已有了较好的发展基础，应该说，发展现代农业所需的技术和设备，我国都已具备，不存在任何技术问题。但第一产业以农户为单位的生产方式使得农业的规模化、现代化难以实现。农民仍被牢牢束缚在土地上，这就阻碍了城市化的发展，压制了内需，最终制约了经济发展。

图106：2013年各省三次产业结构比较：多数省区三产比例相似，说明各省自成体系，缺乏整合

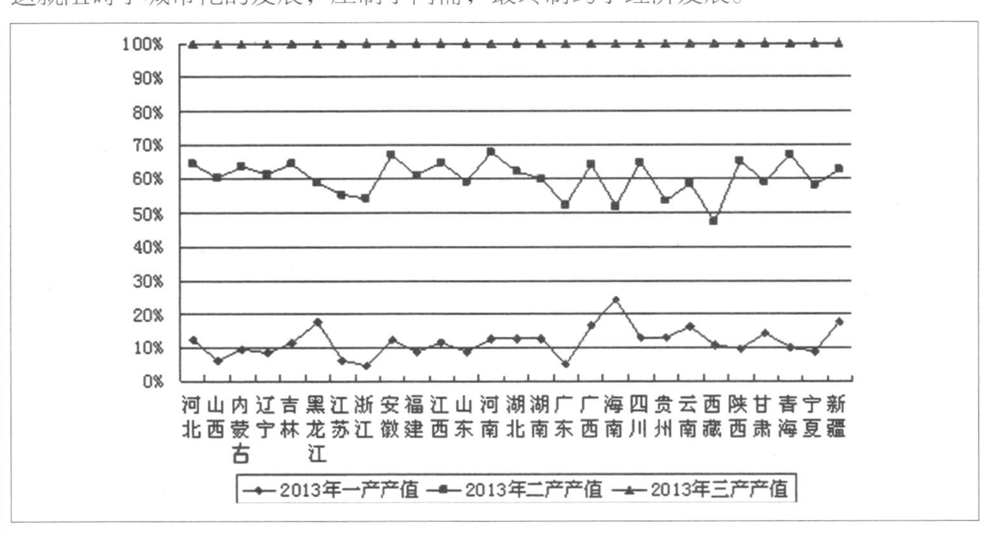

此外，城市体系的松散布局，使人口和产业不得不松散分布在树根型的城市体系中，从而限制了优势区位的产业集聚和人口集聚，也就限制了产业发展，并进一步制约了城市化的发展。城市化滞后，又转而抑制了内需，进而导致非农产业无法更好发展。所以，产业体系整体协调性差。

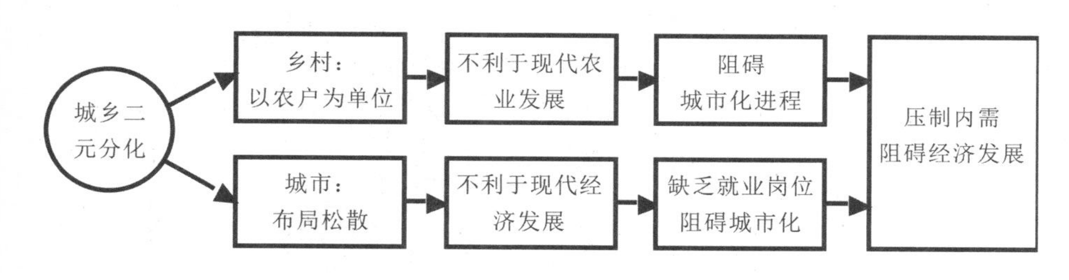

图107：二元经济所导致的问题图解

（4）小结

上述三大问题都与空间结构直接相关，空间结构成为制约经济发展的重大基础性障碍。

四、人口问题

（1）人口-土地体系与城市体系不一致

我国历史上人口的空间分布与耕地分布高度一致（图 108），但与城镇分布并不对位，大量人口生活在农村。2000年，我国城镇人口45 594万人，占总人口的36.09%；乡村人口80 739万人，占总人口的63.91%。[①]2013年，城市化水平虽超过50%，但“半城市化”的现实使所谓的城市化水平过半没有多大意义，大量农业人口所对应的农村建设用地的分布体系与城市体系不一致。

① 第五次全国人口普查公报（第1号）

从“人口-城市布局”分析图看出，人口体系与城市体系的布局很不一致，说明两者脱节。

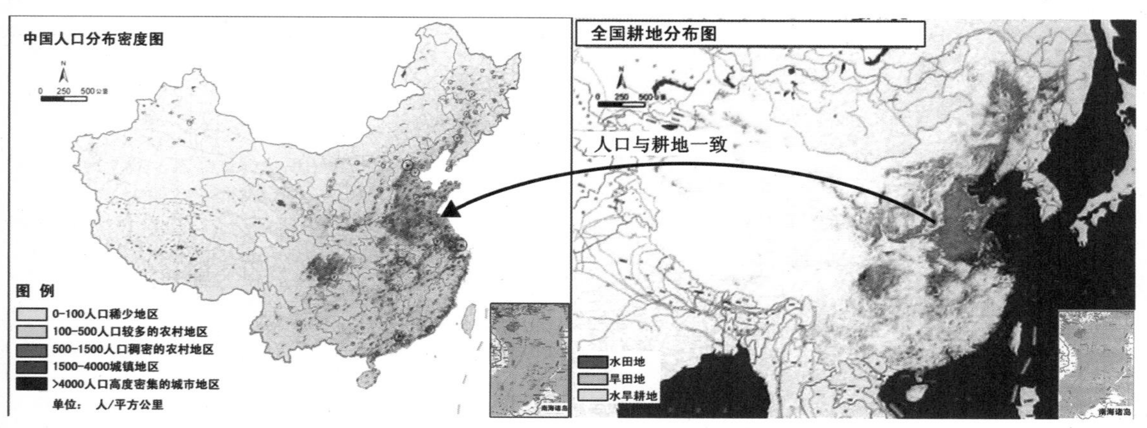

图108：我国人口的空间分布与耕地分布高度一致（左：人口分布图，右：耕地分布图）

图109：我国人口空间分布与城镇分布不对位

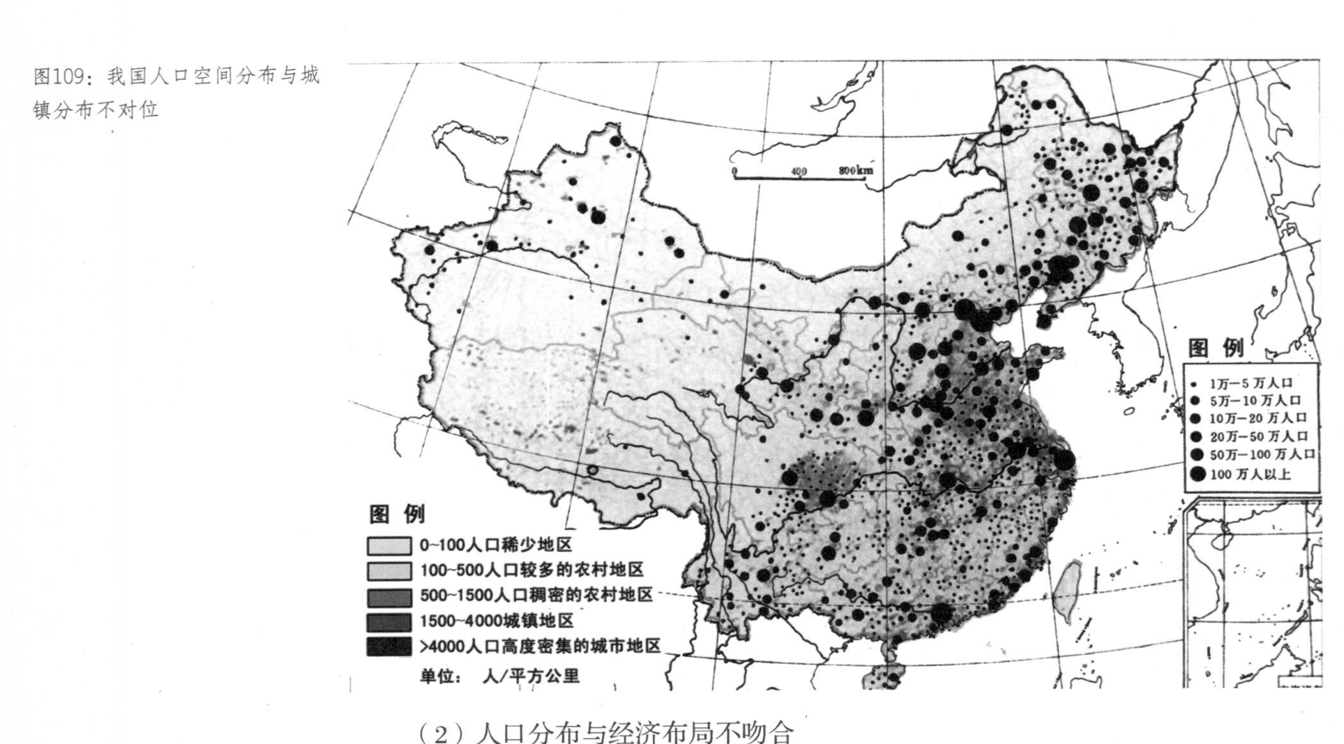

（2）人口分布与经济布局不吻合

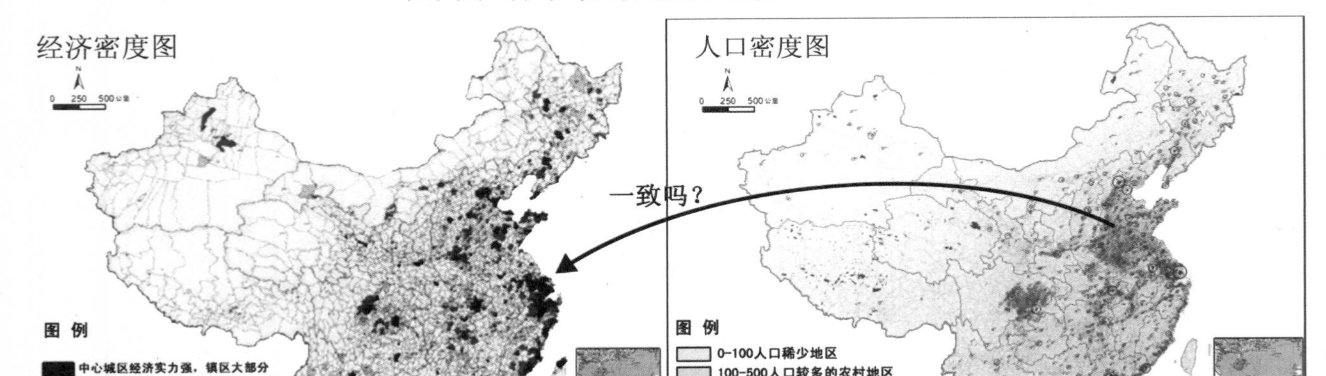

图110：经济密度与人口密度不一致（基础图片来自《全国城镇体系规划纲要初稿》2005.8）

我国经济集中分布于长、珠三角、环渤海地区、成渝地区、武汉城市圈、郑州都市带等地区。而人口主要分布在华北平原、四川盆地等区域。经济的空间密度与人口的空间密度不一致。而GDP的主要组成为非农产业，所以人口体系的重心没有进入非农产业。或者，如果说由于流动人口的存在使得人口的重心已进入非农产业，那么农村地区的空心化就相当严重。

（3）剩余劳力、流动不定

流动人口是对农村空心化的最好表征。自2000年到2010年，全国人口呈现大区域流动趋势，流动人口总量以年均6.1%的速度递增。2013年的流动人口达到2.45

亿，按劳动力人口占总人口比例约50%推算，相当于农村人口约5亿，也就是说，2.45亿的流动人口（劳动力）相当于隐含对应着80%的农村人口，可以跳出传统城镇体系的组织序列，离开乡村、跨地域就业、居住。

表 27：全国流动人口变动情况

年	流动人口（亿）	备注
1982	0.0657	统计口径为跨县市区以上范围的流动人口
1990	0.2135	统计口径为跨县市区以上范围的流动人口
1995	0.5058	去除了2015万县内流动人口
2005	0.7075	去除了3100万县内流动人口
2012	2.36	
2013	2.45	

资料来源：1982年来自周广胜，户口登记在中国1982年人口普查中的作用，见国务院人口普查办公室编《十亿人口的普查》。1990年资料根据四普资料整理。1995年资料根据1995年1%人口抽样调查。2005年资料根据2005年1%人口抽样调查结果。2012、2013年资料来源于国家卫生和计划生育委员会《中国流动人口发展报告2013》、《中国流动人口发展报告2014》。

表 28：全国流动人口流向变动情况

	本县(市)/本市市区	本省其他县(市)、市区	外省	合计
2000年五普（人）	65634248	36337938	42418562	144390748
2010年六普（人）	90372599	84689006	85876337	260937942
2000年五普	45.5%	25.2%	29.4%	
2010年六普	34.6%	32.5%	32.9%	

本表数据来自国家统计局网站。

但目前国家空间结构并未随人口的流动而发生根本改变。一年一度的春运和大量寄往家乡的汇款说明民工的“家”还在农村，他们所去的城市只是他们的工作场所，不是他们的“家”，他们的劳动所得没有在城市中积累，而是继续分散到了广大农村。他们飘荡在城乡之间。传统的城镇体系虽得以保留，却失去了生机，而新的城市结构又难以建立，所以国家整体空间结构处于尴尬境地。

（4）小结

人口的主体没有正式进入城市体系体系，即便是大量的流动人口也未能改变现行的空间体系。

五、问题综述

概括地讲，我国国家系统面临两大进程，存在三大问题。

两大进程为：①城市化进程：由于城市化进程的推进、现代农业生产方式的发展，大量农民解放，传统农村的存在已没有必要（没有经济学意义，也丧失了社会学意义）；②集聚化进程：由于非农产业要求在优势区位进行大尺度空间集聚，导致传统城镇体系解体：大量的乡、镇，甚至某些小城镇的存在已不再必要；大量非集聚区位的中小城市的进一步发展也已没有必要。

三大问题为：①空间结构总体滞后；②产业体系畸形发育；③人口分布动荡不定。

由此得出一个重要结论，即三大系统（城市、经济、人口）整体上不协调，当前国家系统存在较突出的整体结构问题。表现在：产业发展与空间系统不协调：现行国家系统的“总体空间结构”基本仍为传统农业结构的延续（即中心地结构），这与工业化进程的总体要求不一致。即便是少数几个城市群地区，也没有得到充分的发展，也仍然受到传统结构和总体结构的制约。

六、对策与措施

1.对 策

生产力发展的进程不可阻挡，随着经济发展、城市化推进，传统城镇体系的底层失去支撑，中心地体系便失去存在的依据，现代生产力不再需要传统农村。农村不再，如大树无根。传统城镇体系安能存在？即便是在“中心地理论”的诞生地德国，为了应对工业化，也已形成了著名的“莱茵-鲁尔工业区”，我们还要抱着它的中心地体系不放吗?

同时，工业化、全球化、后工业化等又提出新的更高层面的要求，因此必须 构建新的国家系统，即构建一体化的“经济-人口-城市复合系统”。

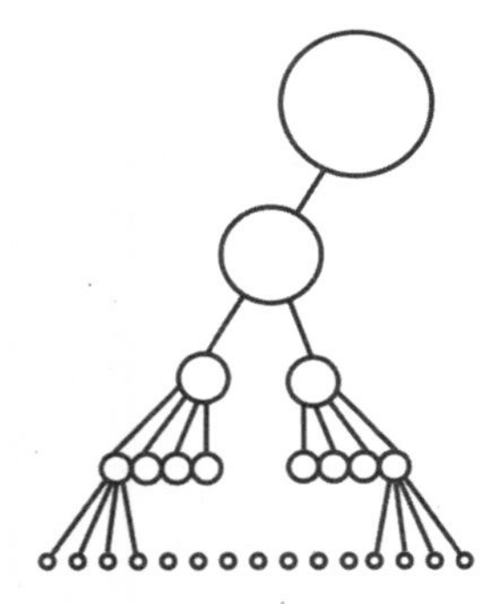

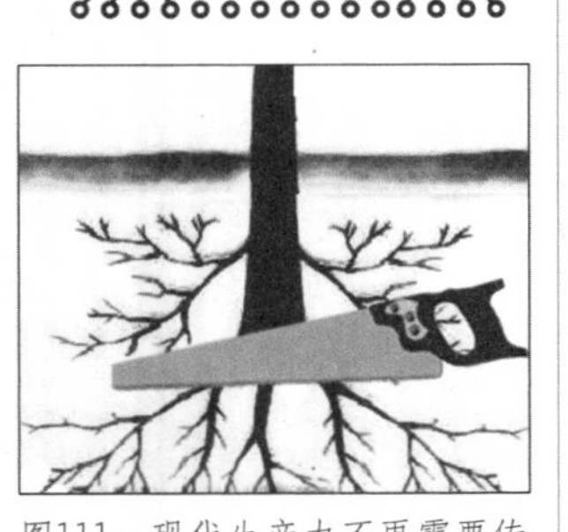

图111：现代生产力不再需要传统农村。农村不再，如大树无根。传统城镇体系安能存在

2.措 施

构建新的国家系统的具体措施从两方面着手：

①构建一体化的经济体系　发展现代农业，解放农民；集聚人口，激活内需，刺激非农产业发展，自然形成就业岗位；与解放农民相呼应；对接全球经济体系，提高整体经济体系的活力；发展科技研发类高端服务业，形成国家产业体系持续发展的动力。

②以经济体系为依据，构建合理的空间体系。

第八章　国家系统新结构的构建

一、生产力的发展要求——经济发展阶段

本书通过衡量工业化的发展阶段来判断经济发展阶段。衡量工业发展阶段的标准，一般采用人均GDP、产业结构、就业结构和城镇化水平4个主要指标。

2013年我国现价GDP为41907.59亿元人民币，人均达到6759美元。

表 29：全国2003年经济发展水平基本数据

年	GDP（亿元）	人均GDP美元	GDP构成			非农产值亿元	就业构成			非农就业人口	城镇化水平
			一产	二产	三产		一产	二产	三产		
2013年	41907.59	6759	10.0%	43.9%	46.1%	511888.21	31.4%	30.1%	38.5%	5.28亿	53.7

1.人均GDP判断

依据人均GDP判断工业化标准，一般采用钱纳里（1964年）对世界各国人均收入水平与工业发展阶段的相关性研究成果。根据国内研究，对1964年美元进行换算形成新的判定依据，见下表。根据2013年人均GDP判断，我国总体经济发展水平已处于工业化阶段。实际上，部分发达地区的工业化水平已经很高。

表 30：钱纳里的工业化发展阶段与人均GDP的关系[①]

阶段	人均GDP				发展阶段描述	
	1964年美元	1970年美元	1996年美元*	2007年美元*		
1	100～200	140～280	620～1240	740–1500	初级产品生产阶段	准工业化阶段
2	200～400	280～560	1240～2480	1500～2990	工业化初级阶段	工业化实现阶段
3	400～800	560～1120	2480～4960	2990～5980	工业化中级阶段	
4	800～1500	1120～2100	4960～9300	5980～11210	工业化高级阶段	
5	1500～2400	2100～3360	9300～14880	11210～17900	发达经济初级阶段	后工业化阶段
6	2400～3600	3360～5040	14880～22320	17900～26910	发达经济高级阶段	

2.城市化水平判断

我国2013年城市化水平53.7%，按照钱纳里的研究成果（表 31），该水平约对应于人均GNP 500美元（1964年），则判断结果总体经济水平处于工业化中级阶段。

表 31：不同收入（GNP）水平上城市化预测值

人均GNP（1964年美元不变价）	100	200	300	400	500	800	1000
城市人口比重	22.0%	36.2%	43.9%	49.0%	52.7%	60.1%	63.4%

资料来源：钱纳里等：《发展的型式（1950–1970）》，经济科学出版社1988年版

3.“新常态”

2014年12月11日的中央经济工作会议认为，我国经济正在进入“新常态”阶段，正在向形态更高级、分工更复杂、结构更合理的阶段演化，正从高速增长转向中高速增长，经济发展方式正从规模速度型粗放增长转向质量效率型集约增长，经济结构正从增量扩能为主转向调整存量、做优增量并存的深度调整，经济发展动力正从传统增长点转向新的增长点。认识新常态，适应新常态，引领新常态，是当前和今后一个时期我国经济发展的大逻辑[②]。

4. 综合判断

单纯按钱纳里的判断方法，我国已进入工业化中高级发展阶段。但突出的问题是经济发展与城市化脱节，城市化严重滞后于经济发展。

从“新常态”的特征看，我国即将进入新的经济生产方式引领的发展阶段，这个阶段更注重现代服务业的引领作用，具有钱纳里所称的后工业化阶段或发达经济阶段的特征。

二、发达国家案例研究

1.“大尺度集聚”的案例借鉴

纵观世界各发达国家的城市形态，可以发现集聚、集群是普遍规律。将长三角地区的建成区与世界各主要大都市区建成区作一比较,两者间差异非常明显(图 112)。

所比较的六个都市区图的比例是一样的。除了比较空间尺度大小外，还应注意人口总量的差异。英国人口总量仅0.6亿，美国人口不过3亿，日本人口也只有1.3亿，可是中国的人口是13亿!但中国最发达的长三角地区,其城市建成区比起发达国家的五个都市化地区都要散碎得多。

日本与我国具有较高可比性。日本人多地少，所采用的大都市圈模式极大提高了社会经济运行效率。

我国城市在普遍限制规模的条件下，大城市以极高的人口密度为基本特征。这

① 1996年美元数值来自按郭克莎（中国社会科学院工业经济研究所研究员）文：中国工业化的进程、问题与出路，《中国社会科学》2000年第3期。2007年美元按照《美国统计概要(2009)》公布的物价指数变动情况进行换算，2007年美元与1970年美元的换算因子为5.34，仅做参考。

② 来源：2014年12月11日新华网文章：中央经济工作会议在京举行。

图112：世界主要大都市区建成区比较①（组图1-6）（底图来自2008 google earth）

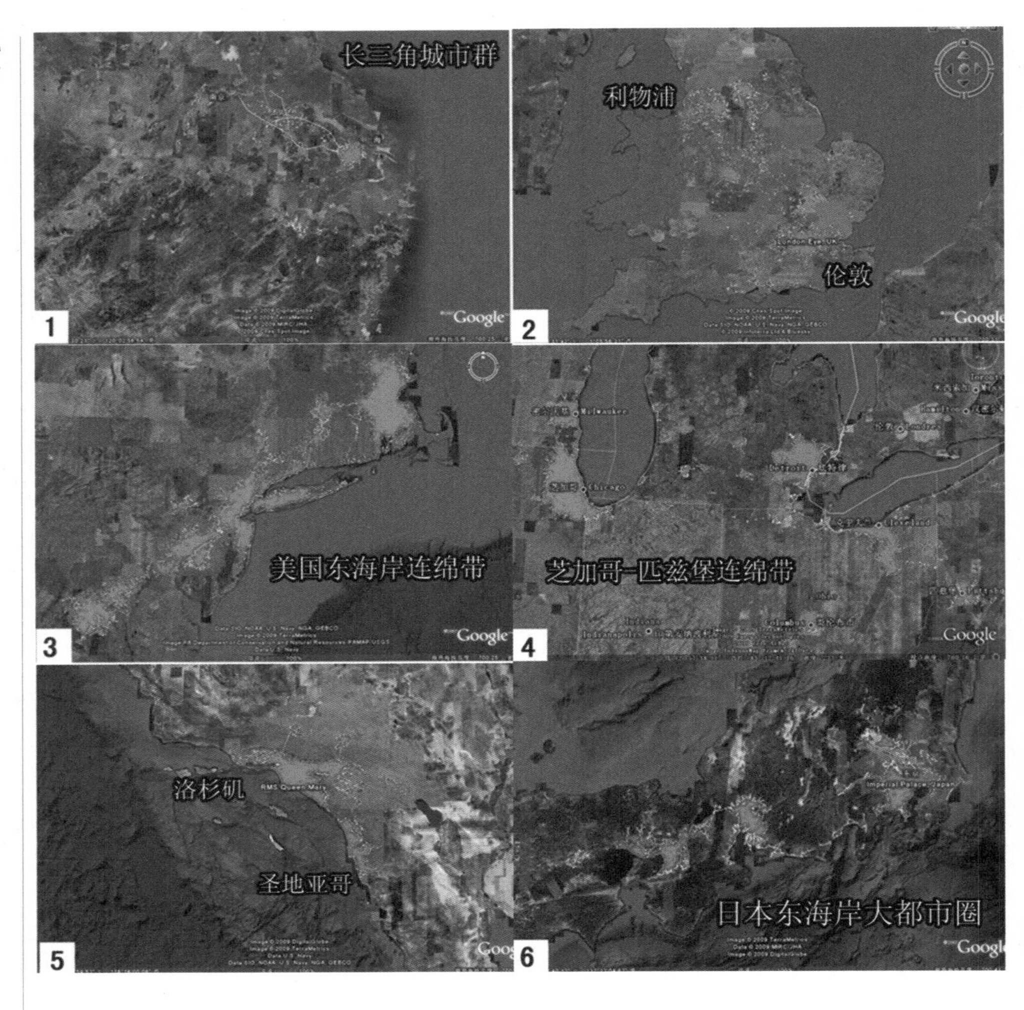

虽然可以节约土地，但限制了发展，城市和功能区布点仍在传统城镇体系格局中，没有突破，这是问题症结所在。

2.人口的经济分布特征

工业化国家的人口分布以非农产业为依据，而与农业生产不相关。以美国、韩

图113：左——韩国人口分布与农业产值不相关　右——韩国人口分布与非农产值强相关

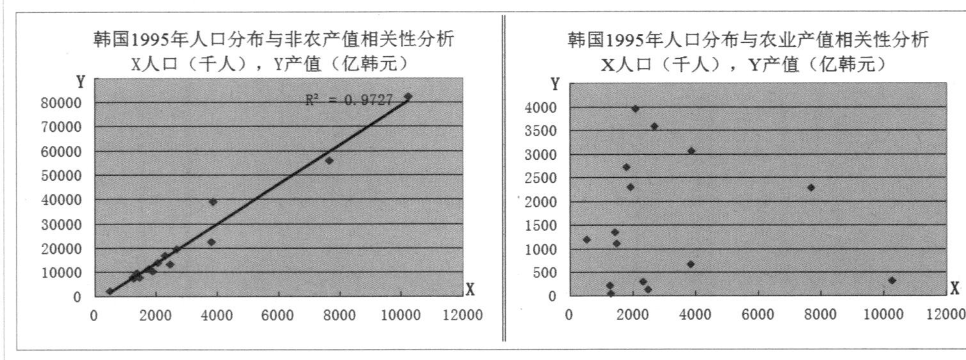

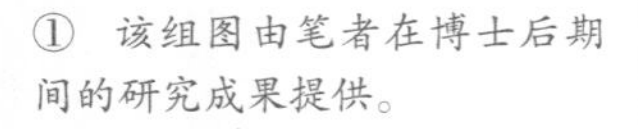
① 该组图由笔者在博士后期间的研究成果提供。

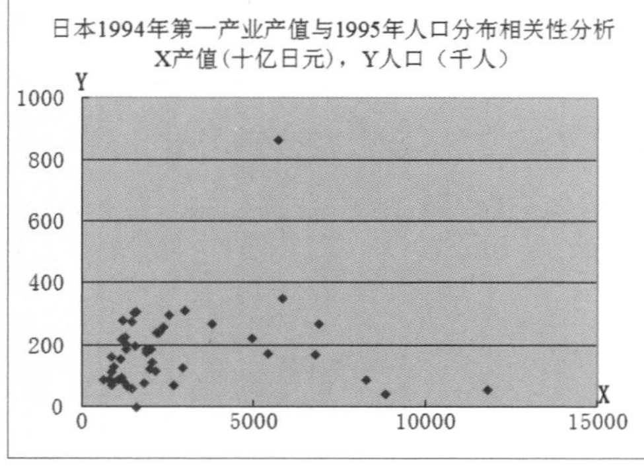

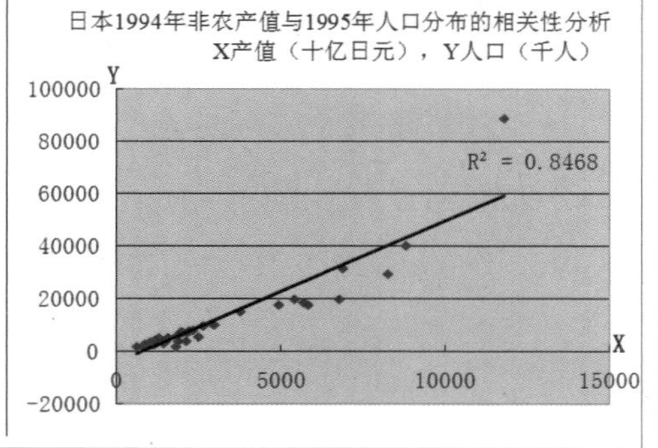

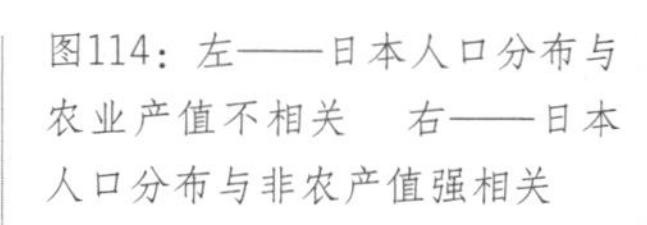
图114：左——日本人口分布与农业产值不相关　右——日本人口分布与非农产值强相关

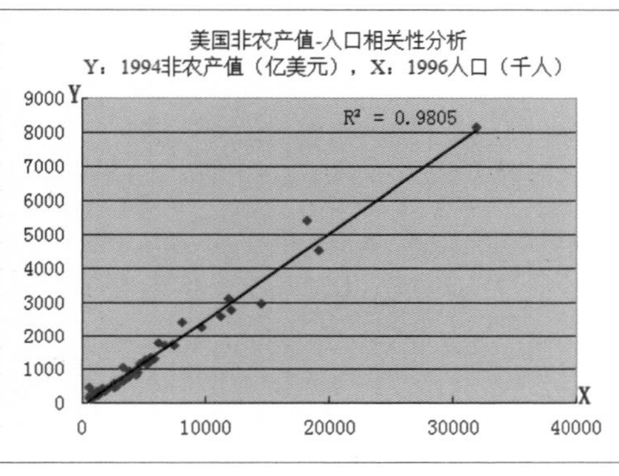

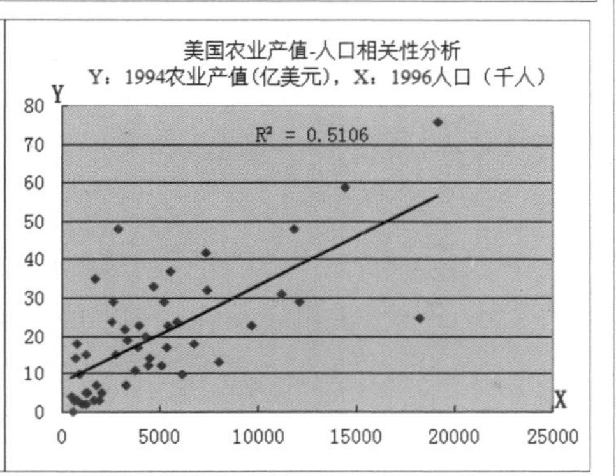

图115：左——美国人口分布与非农产值强相关　右——美国人口分布与农业产值不相关

国、日本为例说明，见图113、图114、图115。

资料来源：《世界统计年鉴1997》

小结：生产力发展对国家系统的要求

现代生产力的发展要求国家系统发展“集聚”结构。

我国现行国家系统基本是一个松散的“中心地体系”，与生产力发展的要求相比，存在极大的差距。因此，需要对现行体系进行重大调整，这涉及人口、经济、空间三大系统。三大系统中，经济是主导力量，人口和空间的构建都必须以经济体系为依据。

三、产业体系重整

城市化本身将激活潜在的市场。农民进城本身就携带着巨大的、潜在的内需，只要合理引导，就会释放出来形成巨大市场，就会刺激非农产业发展。因此，产业体系自身可以形成良好循环。

因此要改变第一产业的生产方式，推行现代农业，推行机械化、生物化、化学化、规模化等生产方式，从根本上淘汰传统农业，把农民从土地上解放出来，引导农民进城从事非农产业。

但农民进城带来的潜在内需如果还分散在传统的城镇体系中，则难以形成巨大市场，因此，从培育市场的目的出发应引导集聚。

从发展非农产业的要求出发，也要求集聚。在前工业化阶段或工业化初级阶段，产业的高度普遍较低，因此还可以与传统体系保持较好的衔接关系。随着生产力的进一步发展，产业链不断发育、产业体系不断发展壮大，产业间的联系越来越密切，非农产业越来越变成一个网络化的产业体系（图 116），这与传统树型结构的城镇体系的基本结构不兼容。如果将非农产业继续布局在传统的树型结构上，将导致交通联系成本越来越高，系统的效率将越来越低。不仅如此，有些产业甚至连基本的生存门槛都达不到。最后将导致整体经济体系无法再与传统城市结构保持良好对接。

因此，支撑非农产业的空间结构应培育一种集聚形态。应改变二、三产业的生产组织方式，摈弃松散的产业布局结构，构建产业集群，促进产业经济不断升级。由此将产生大量的就业岗位，与解放农民、推进城市化相呼应。

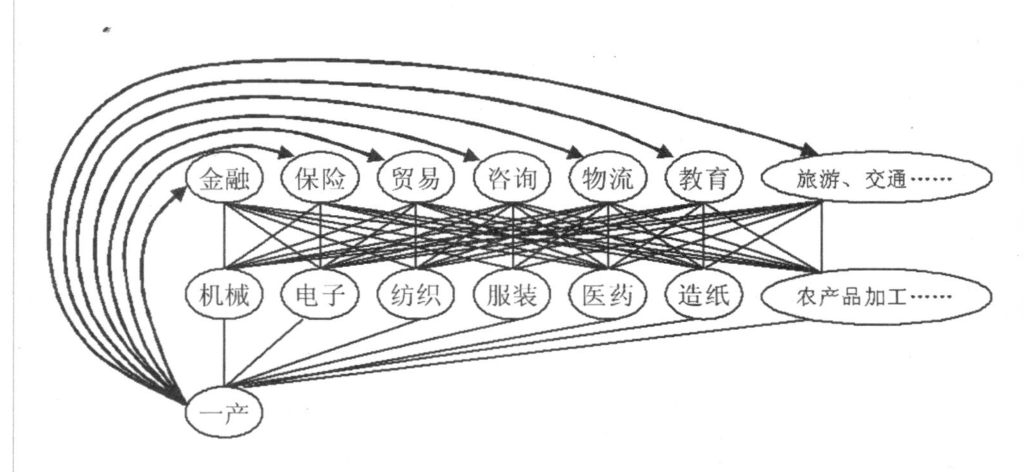

图116：工业化阶段各产业之间的紧密协作关系形成网络结构——这与传统城镇体系的树形结构不兼容，因此空间结构必然变革

四、产业发展对空间结构的要求

随着工业化的推进，产业链的分化、产业体系的不断发展壮大，产业间的联系越来越密切，非农产业越来越变成一个网络化的产业体系，因此适宜发展集聚化的空间体系。而传统的农业生产以及农副产品加工等土地依赖型产业，仍须发展均布结构。

在工业化的起步过程中，原有城镇体系仍然是初级产业发展的载体。一旦市场扩大、竞争加剧，则企业就需要追求规模效益、自觉推动技术革新和产品升级，这就需要分工协作，于是开始形成产业集群。在此基础上服务业又得以形成，使整体效益更高。新生产业均以此为基础，于是人口加速集聚，导致集聚体系加速发展，原有的城镇体系加速衰退。集聚型空间结构相应形成，从大城市到大城市圈、大城市带等不断发展。

由于集聚体系在工业化之前并没有形成，因此进入工业化阶段后，对集聚体系的培育就成为重要的工作。

表 32：均布和集聚体系的生产力依据

空间结构	均布体系、或散点体系	集聚体系	集聚+均布体系
适宜产业的特征	产业协作性要求不高、产业交叉少	产业协作性要求高、产业交叉多	综合两者优点
适宜的产业	土地依赖型产业、低端产业，如：农业生产、农副产品加工、初级产品加工制造、资源采掘等	长链、组链产业、服务业、高端产业如：房地产、重化工业、电子信息、金融保险、商贸流通等	涵盖了从长到短、从高到低、从复杂到简单的所有产业类型，是一个较完善的空间结构
大致对应的产业发展阶段	准工业化阶段、工业化初级阶段前期	工业化阶段、后工业化阶段	工业化阶段、后工业化阶段
在整个体系中的大致比重及发展趋势	由于现代技术的应用，所需人力越来越少，发达国家大致比重低于10%。	由于集聚体系能够不断地滋生出新产业，如服务业，集聚效益越来越高，所以越来越成为整个体系的主体。	集聚：由小到大 均布：由大到小

五、空间结构重构

与产业体系相对应，国家系统的最终空间结构，将有可能是一个“集聚+均布”双层结构。

（1）集聚层

该层是非农产业的集聚区、也是人口的主要集聚区。细分为三个亚层：

①国家级“集聚区”：选择若干优势区位，构建大尺度的“国家集聚区”，如东南沿海发展带（未来的巨型连绵带）、“环渤海国家集聚区”、“长三角国家集聚区”、“珠三角国家集聚区”等；

②次国家级“集聚区”：如“江汉平原集聚区”等；

③省级“集聚区”：以各省会或中心城市为核心构成的大都市区。

"集聚区"不一定要求空间连续，超空间结构是信息时代的必然产物。例如，由辽中南、京津唐、鲁半岛形成的环渤海国家集聚区，空间上可能连续，也可能不连续，但其共同形成国家级的集聚结构却是明显的。

此外，用"集聚区"概念取代传统的"城市群"，是因为在新结构中，传统城市将解体，或只能成为新结构的一个组成部分，不能代表全部内容（新结构中将可能有一些跨城市的结构体，如郊区化居住体系、产业带等将不再属于某一个城市，传统城市概念对此无法描述）。新结构将更瞄准"现有城市之外"的大片空间，那里才是承载国家级海量要素的"选址"。

（2）均布层

依托一系列传统的中心地形成。大致可以以目前的地级市和县城为基础构成两级中心地体系，容纳基层人口的生活居住和发展初级、非高端产业。县以下的乡、镇已无必要存在（这是较理想的情况），因而中心地体系简化为两级。在该体系下外挂以农业生产为主的大量功能点。这些功能点将不再承担完整的居住、生活服务功能，农村不再必要。可能的形式如大规模的家庭农场或公司农场。

其他非集聚体系可能包括如资源体系（如采掘业职能点）、旅游体系（以旅游资源分布为依据）等。

上述结构形成新的国家系统，整体结构的重心将摆脱低位结构的束缚，向高级化方向进化。

表 33：国家系统空间结构表

集聚层	国家级集聚区
	次国家级集聚区
	省级集聚区
均布层	中心地
	大量的产业功能点
其他	资源体系
	旅游体系

六、国家集聚体系构建

1.城镇布局的历史基础是制定发展战略的重要参照

从城镇布局形态看，"京沪辽鲁豫"地区城镇密集，对未来国家空间格局的形成是一个重要的基础条件。

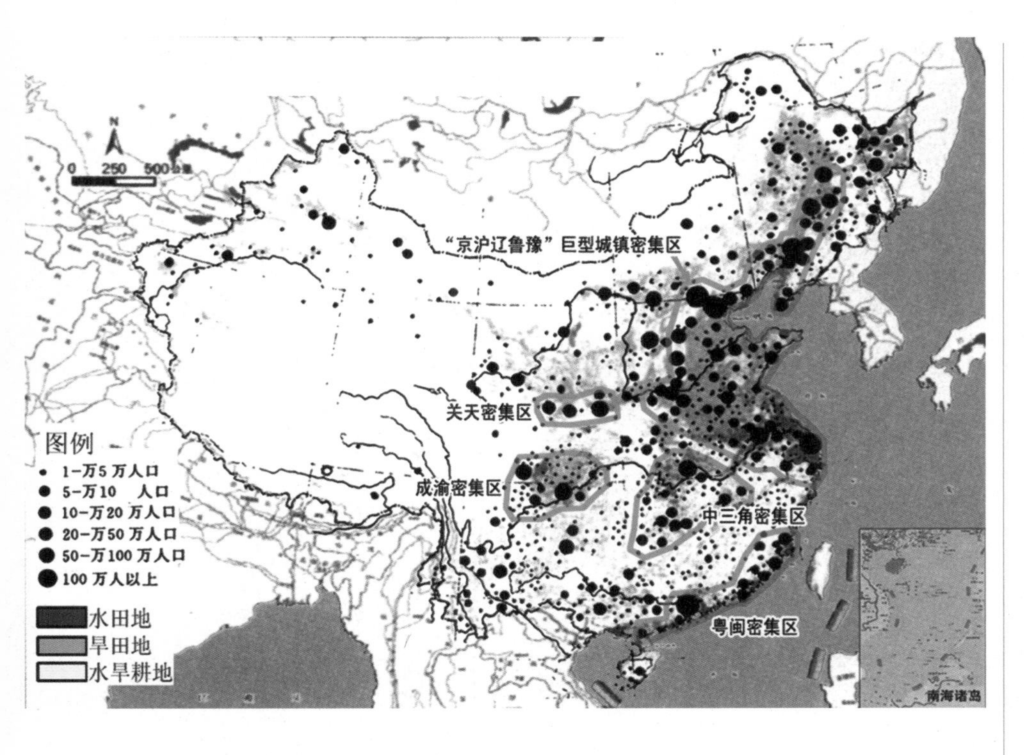

图117：我国城镇密集地区判断（城镇分布资料来源：许学强等《城市地理学》，高等教育出版社，2001年8月）

2.人口流动去向是制定发展战略的重要依据

近10余年来，全国流动人口主要流向地区为广东、浙苏沪、北京、福建等省市。据此，可形成打破传统城镇体系结构、大尺度、跨区域的空间结构组织战略。

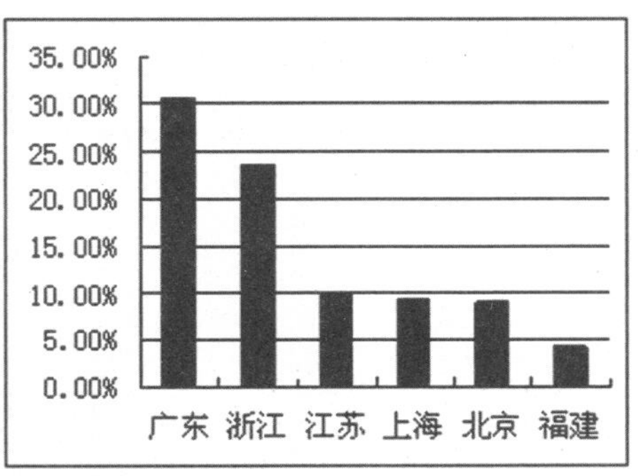

图118：2010年全国跨省流入地区的流动人口占全国流动人口比例

2010年流动人口基础数据：根据各省(区、市)人口计生委上报数据，并依据2005年全国1%人口抽样调查、国家人口计生委2010年106个城市流动人口动态监测调查等相关数据估算，全国(不包括香港、澳门特别行政区和台湾省)流动人口概况如下①：

●流动人口总数：截至2010年10月1日零时，全国流动人口估算数为2.21亿人，其中男性约为1.11亿人，女性约为1.10亿人。

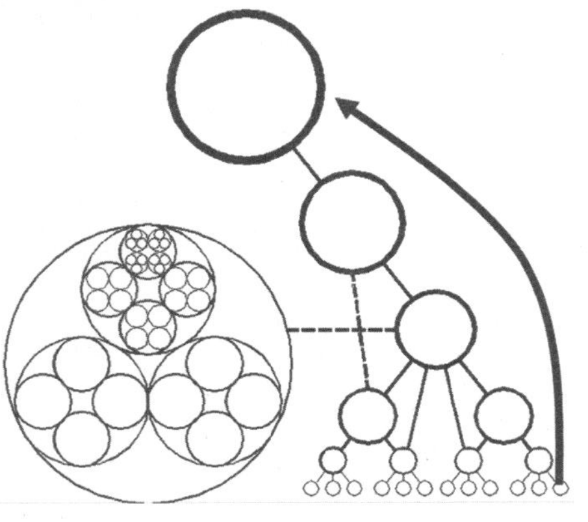

图119：打破等级结构，跨越式变化示意

① 数据来源：《人口导报》2011.10.24

●流向分布：跨省流入人口中，广东占30.62%、浙江占23.61%、江苏占9.72%、上海占9.51%、北京占9.07%、福建占4.27%，六省(市)跨省流入人口占全国总数的86.80%。跨省流出人口中，安徽占15.85%、四川占14.79%、湖南占10.08%、河南占8.82%、湖北占7.73%、贵州占7.64%，六省跨省流出人口占全国总数的64.91%。

3.国家集聚体系构建

（1）主要集聚区块的判断

依据国家统计局数据，2010年全国各省市迁入人口与投资、贸易、消费的关系如下图。从中能够明显地看出若干峰值点，这将成为构建集聚区的重要依据。

对外贸易、外商投资对长三角、珠三角、京津形成国家级集聚区有显著贡献。全社会固定资产投资对拉动二级增长区块有显著贡献，如河南、河北、辽宁、湖北、山东等。由此形成初步判断，国家级集聚体系大致由两个级别的集聚区块构成。

图120：2010年各省市迁入人口与投资、贸易、消费的关系

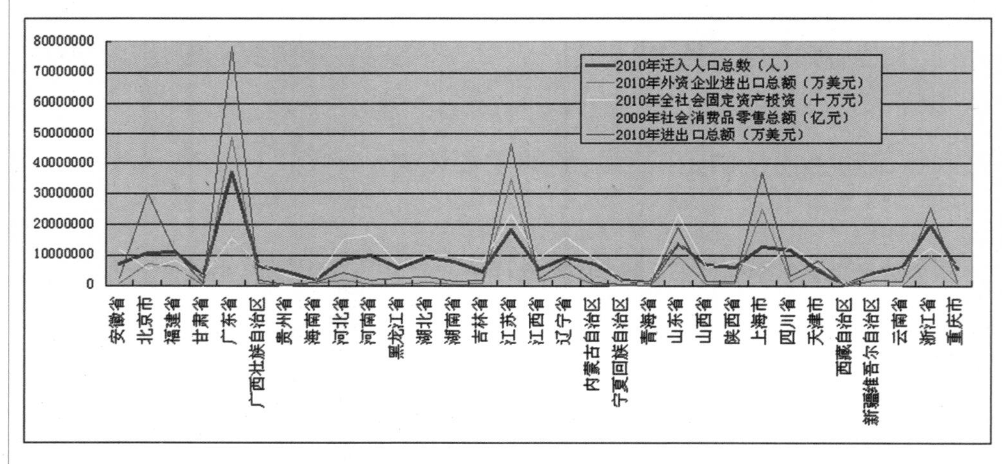

图121：传统城镇体系与国家空间系统、国家集聚体系的区别

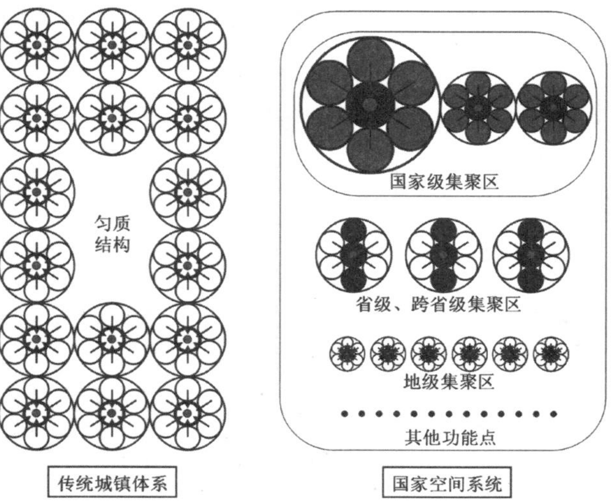

（2）结构体系

中国基础的城镇体系结构基本是一个五级结构：国-省-地-县-镇。在现有的国家治理体系下，集聚的发生最有可能向分级集聚体系演变。见图121、表34。

表 34：传统城镇体系与国家空间系统的对接关系

传统城镇体系的各级城镇	现代集聚背景下演变形成的形态	
国家级城市	国家级集聚区	现代集聚体系
省级城市	次区域级集聚区	
	省级集聚区	
地级城市	地级集聚体系	
	地级城镇体系	退化后的城镇村体系
县级城市	县级城镇体系	
镇	镇村体系	

传统城镇体系原则上分化为两类形态：散布类和集聚类，但若行政体系制约力强，则还会存在一种中间状态，即城市（镇）群形态。

表 35：要素的总体组配关系

组配关系	代表形态		代表地区
散布关系	中心地（城-镇-乡-村）		存在于集聚区外各地区
中间状态	城市群、城镇群		“京沪辽鲁豫”巨型城市群地区、中三角城市群、成渝城市群、海西城市群、关天城市群、各集聚区外围的城镇邻近区
集聚关系	都市圈、都市区、连绵带	国家级	长三角集聚区、京津冀集聚区、珠三角集聚区
		次区域级（跨省域）	沈-大集聚区、济南-青岛集聚区、郑汴洛集聚区
		省级	其他各省级集聚区

（3）主要集聚区块的空间校核

将流动人口数据与现有城镇布局相校核，形成集聚体系布局图。

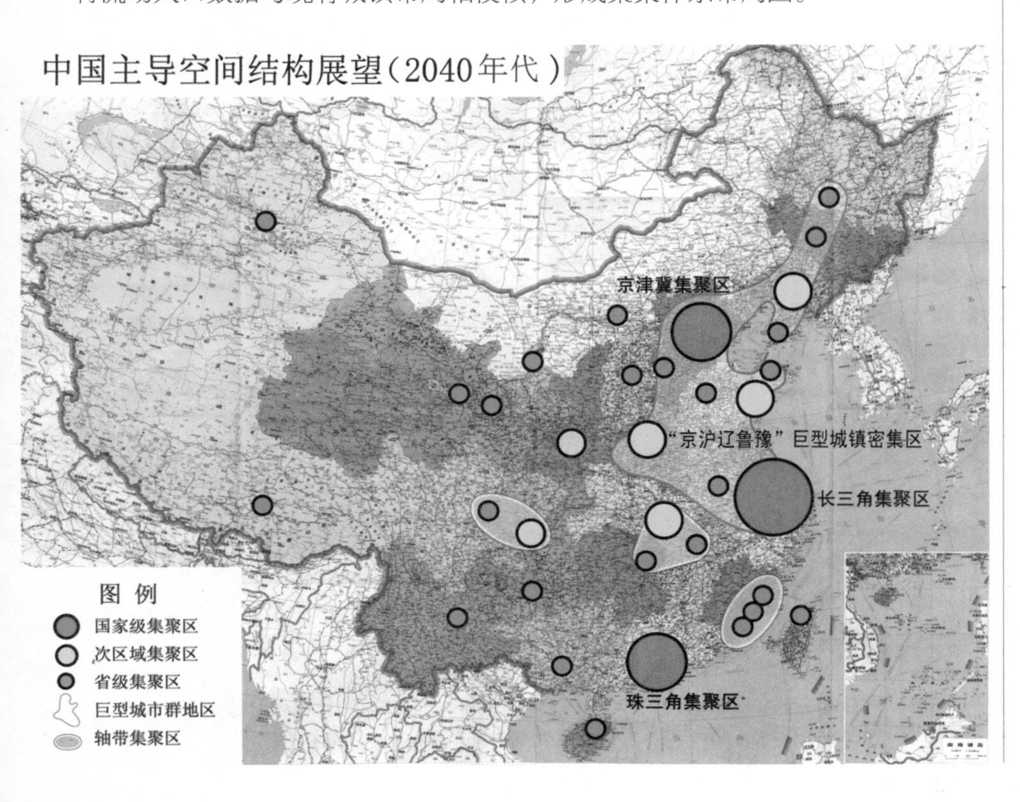

图122：国家空间系统的集聚体系构建1

（注：本图的省级集聚区表示方法仅为概念示意，具体形态须在下一层次展开研究）

（4）潜在结构的发现

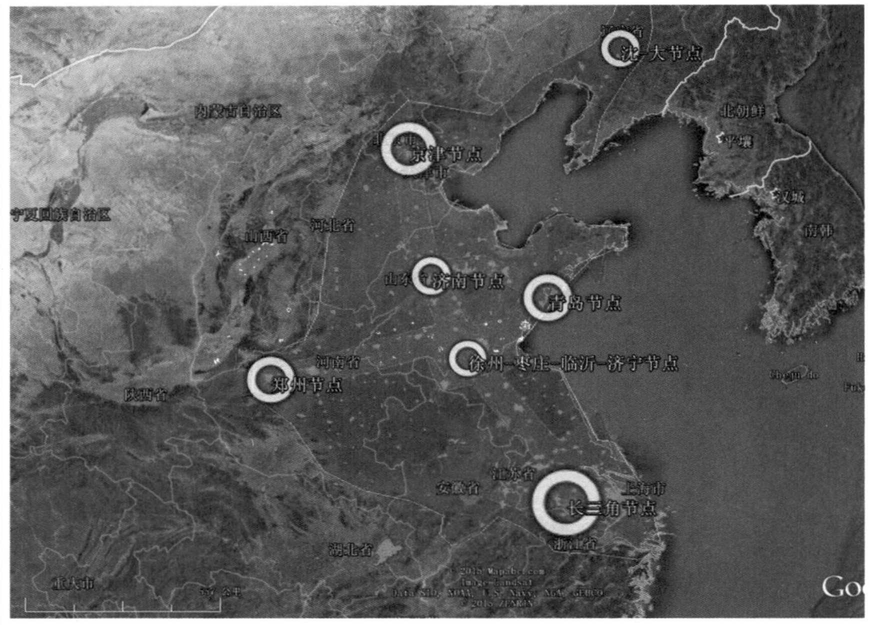

图123：2040年代中国国家空间系统“京沪鲁豫”板块次级结构推演

观察主要的人口与城市密集区，在京、沪、鲁、豫四大区域节点的联系轴带上，存在一个十字型发展骨架和两个潜力型节点区域：济南节点和徐州-枣庄-临沂-济宁节点（图 122修正为图 124）。

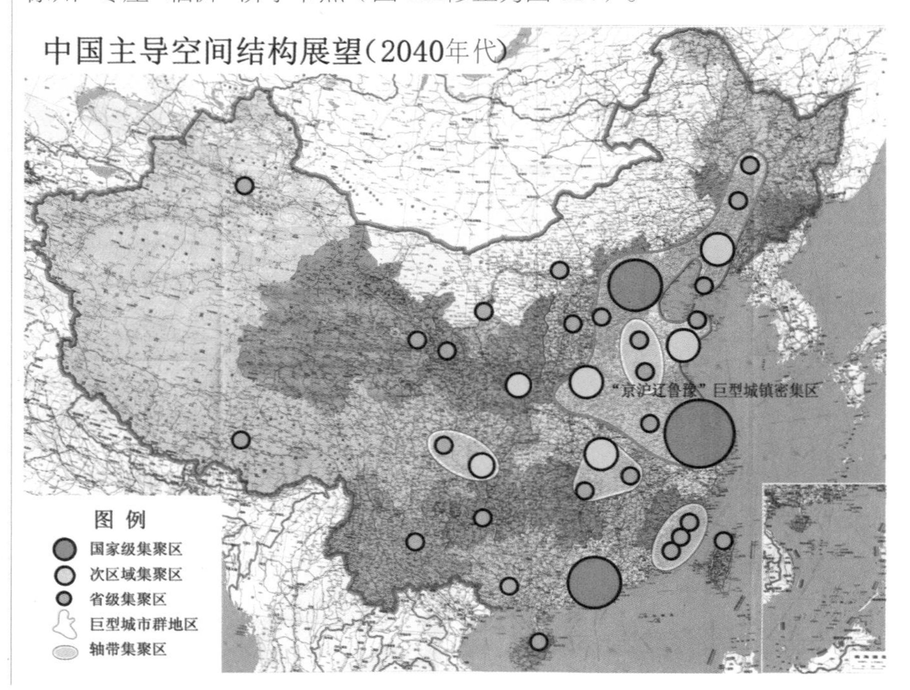

图124：国家空间系统的集聚体系构建2（增加了京沪之间的徐州节点）

4.国家整体空间体系组成

在集聚化进程中，传统城镇体系分解为集聚体系和退化后的城镇体系两大系统，其中集聚体系又可分为国家级集聚区和省级集聚区。未来国家空间系统将由七类空间体系组成：

①文化旅游功能体系 大量的文化旅游区、风景区、国家公园、郊野公园等将作为一个重要的组成部分参与国家空间体系的构成。

②传统城镇体系下部（地级以下，地–县–镇体系）破解退化后保留的均布覆盖体系，其发展模式是收缩、退化。地广人稀的西部地区，将仍以散点状布局的城镇体系为基本结构形式，如西藏、新疆、青海、内蒙古等。

③传统城镇体系的中上部（地级以上，国–省–地级体系），将发挥集聚体系的汇集作用，是集聚化的主体结构。地级城市处于集聚体系与均布体系之间，其中临近省会城市的地级市（如湖北的鄂州、黄冈）、或个别发展条件好的地级市（如厦门、青岛），有机会参与省级集聚区的构建；

④其他功能点、功能区——主要是独立工矿区；

⑤农业功能区；

⑥生态功能区；

⑦其他。

七、国家系统的人口体系重组（仅为示意）

依据产业体系和空间体系的总体结构，可以对人口的就业结构进行粗略的规划。

1.计算方案一[①]

（1）人口的就业结构

现代农业表现为机械化、化学化、集约化、产业化、服务化等几大特征。农业现代化的直接结果就是农业劳动力的大幅度减少，以美国为例，美国农业人口仅占全国人口的1.8%。美国基本的农业生产单元是家庭农场，农场规模平均为2788亩。

现代农业所要求的各项要素对中国而言并非难题。

按美国的农业组织方式，我国耕地仅需要约70万个家庭农场即可，若每个农场按5个劳动力计算，只要350万劳动力即可。这当然是比较理想的水平。

① 注：此处计算仅为说明主要国家级发展区的大致规模，计算过程不要求精确。

在实际调查中了解到我国农村有的农户可以承包150亩耕地（湖北黄冈），这还只是在现有的生产力条件下。若加以推广，应该还能更多。即便按100亩/户计算（黑龙江现劳均耕地22亩，户均44亩，还可以提高），我国耕地仅需1900万农户即可，约合6000万人口。若从2013年农业人口约6.3亿人减少为6000万，则农民人均收入可增加约10倍，达到40000元左右（2013年农村居民家庭平均每人家庭经营纯收入3793.2元）。这是我国目前的农业生产力水平可以达到的。

进一步，确定与农业相关的农产品加工、运输、服务等行业所需人口。参照美国的数据（附录），该类人口相当于农业人口的4倍，则大致为2.4亿人。那么其余人口则应从事其他非农产业。按照我国人口发展趋势，假设未来经历过人口高峰后，总人口大致回落到13亿–14亿，并假设在此时间段内国家系统得以实施，则大致可以有10亿左右的人口从事其他非农产业。

（2）人口的空间结构

①集聚层　约10亿人口；

②均布层　约3亿–4亿人口，现有约300个地级市、2000个县级城市，若保持该数量，则平均每个城市约20万人口。

2.计算方案二

2013年全国人口13.6亿，展望远景城市化水平达到70%，人口经历高峰后大致回落到当前水平，在此时间段内，假设国家系统得以实施，则各省区城市人口如下表。三大国家级集聚区域的城市人口分别为2.0亿、1.5亿、1.0亿。

表36：未来国家系统各省区城市人口估算

<table>
<tr><th colspan="2">地区</th><th colspan="2">2013年人口数（万人）</th><th>按70%城市化率计算的城市人口（万人）</th><th>城市人口粗略调整值</th></tr>
<tr><td rowspan="5">环渤海集聚区</td><td>北京</td><td>2115</td><td rowspan="5">25043</td><td rowspan="5">17530.1</td><td rowspan="5">2.0亿（增加了由其他省区流入的人口）</td></tr>
<tr><td>天津</td><td>1472</td></tr>
<tr><td>河北</td><td>7333</td></tr>
<tr><td>辽宁</td><td>4390</td></tr>
<tr><td>山东</td><td>9733</td></tr>
<tr><td rowspan="3">长三角集聚区</td><td>上海</td><td>2415</td><td rowspan="3">15852</td><td rowspan="3">11096.4</td><td rowspan="3">1.5亿（增加了由其他省区流入的人口）</td></tr>
<tr><td>江苏</td><td>7939</td></tr>
<tr><td>浙江</td><td>5498</td></tr>
<tr><td>珠三角集聚区</td><td>广东</td><td colspan="2">10644</td><td>7450.8</td><td>1.0亿（增加了由其他省区流入的人口）</td></tr>
</table>

续表

<table>
<tr><td colspan="2">地区</td><td>2013年人口数（万人）</td><td>按70%城市化率计算的城市人口（万人）</td><td>城市人口粗略调整值</td></tr>
<tr><td rowspan="7">次国家级集聚区</td><td>重庆</td><td>2970</td><td>2079</td><td rowspan="7">合计2.8亿，假设维持不变。</td></tr>
<tr><td>四川</td><td>8107</td><td>5674.9</td></tr>
<tr><td>河南</td><td>9413</td><td>6589.1</td></tr>
<tr><td>湖北</td><td>5799</td><td>4059.3</td></tr>
<tr><td>湖南</td><td>6691</td><td>4683.7</td></tr>
<tr><td>福建</td><td>3774</td><td>2641.8</td></tr>
<tr><td>陕西</td><td>3764</td><td>2634.8</td></tr>
<tr><td rowspan="15">各省区</td><td>山西</td><td>3630</td><td>2541</td><td rowspan="15">假设新增城市人口的1/2（约0.9亿）流向国家级集聚区：现有城市人口按50%城市化率计算约21729万人，未来城市化提高到70%对应城市人口约30421万人。</td></tr>
<tr><td>内蒙古</td><td>2498</td><td>1748.6</td></tr>
<tr><td>吉林</td><td>2751</td><td>1925.7</td></tr>
<tr><td>黑龙江</td><td>3835</td><td>2684.5</td></tr>
<tr><td>安徽</td><td>6030</td><td>4221</td></tr>
<tr><td>江西</td><td>4522</td><td>3165.4</td></tr>
<tr><td>广西</td><td>4719</td><td>3303.3</td></tr>
<tr><td>海南</td><td>895</td><td>626.5</td></tr>
<tr><td>贵州</td><td>3502</td><td>2451.4</td></tr>
<tr><td>云南</td><td>4687</td><td>3280.9</td></tr>
<tr><td>西藏</td><td>312</td><td>218.4</td></tr>
<tr><td>甘肃</td><td>2582</td><td>1807.4</td></tr>
<tr><td>青海</td><td>578</td><td>404.6</td></tr>
<tr><td>宁夏</td><td>654</td><td>457.8</td></tr>
<tr><td>新疆</td><td>2264</td><td>1584.8</td></tr>
</table>

八、实施的配套政策

国家系统的实施，有赖于一系列配套政策的调整，可能涉及：

①空间政策：优势区位的开放及城乡规划法规的修订（重点是增加国家系统规划内容）；

②土地政策：国土资源的大区域平衡——应由国家主导进行。各地有一些自发的异地购买建设用地指标的政府行为，如由国家统一调控，则会发挥更高的效率和更全面的作用；

③产业政策：农村土地的整理和规模化转化；农业现代化的技术准备、生产关系调整；农民进城的内需引导与释放；产业的定向引导与准备。

④人口政策：人口的自由流动与有序引导；农民进城的社会保障政策。

⑤行政区划的调整与简化。

当然，这一切工作的推进都必须以“国家系统规划”为依据，这必须靠政府才能完成。由于国家系统的复杂庞大，不必苛求一步到位，可能首先完成一个“准国家系统规划”，为最终形成一个较理想的国家结构做铺垫是必要的。

九、规划编制体系创新

（1）现行规划编制体系

根据《城乡规划法》，我国目前的规划编制体系包括城镇体系规划、城市规划、镇规划、乡规划和村庄规划。城市规划、镇规划分为总体规划和详细规划。详细规划分为控制性详细规划和修建性详细规划。

（2）新规划编制体系

新兴的集聚区不是城、也不是镇、也不是城镇体系，无法套入传统的城乡规划体系，本研究提出在原有规划序列基础上，新增“国家空间系统规划”层次。并将其下的规划体系拆分为两个序列：传统城镇体系规划序列和集聚区规划序列。

图125：国家空间系统规划体系

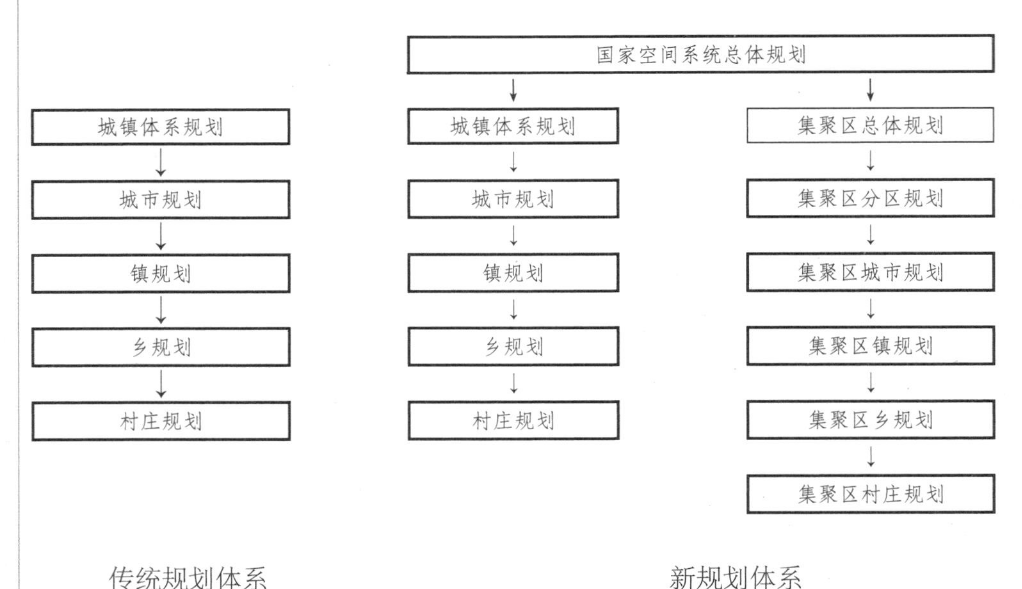

十、规划的主要内容

1.国家空间系统总体规划的主要内容

（1）专题研究报告

①研究新的空间发展组成和级别：包括国家级集聚区、省级集聚区、传统城镇体系分布区；②研究各集聚区在国土空间上的整体布局；③研究各集聚区的人口规模、用地规模；④研究各集聚区的功能定位；⑤研究各集聚区的空间组成（包含哪些子区域）；⑥研究非集聚区域的人口、产业、建设用地规模；⑦研究匹配国家级综合交通体系。

（2）政策建议书

①人口调配政策建议；②土地调配政策建议；③产业调整政策建议；④行政体系调整建议

（3）规划编制

①编制总体规划文本；②编制各类规划图纸：现状类图纸，分析图，各集聚区用地条件评价图，国土综合平衡规划图，集聚区布局结构规划图，各类集聚区整体空间布局规划图，各级中心城市布点规划图，国家综合交通体系规划图。③编制总体规划说明书，就发展背景、现状、问题、发展战略、总体定位、空间体系结构组成、人口及用地规模、集聚区整体空间布局、各集聚区边界、功能及规模、确定各集聚区中心城市、综合交通体系等进行说明。

2.集聚区总体规划的主要内容

（1）专题研究报告

①研究集聚区的功能定位；②研究集聚区的人口规模、用地规模；③研究集聚区的空间组成（包含哪些子区域）；④研究集聚区及其他城镇在区域国土空间上的整体布局关系；⑤研究集聚区和功能区的空间边界；⑥研究非集聚区域的人口、产业、建设用地规模；⑥研究匹配综合交通体系。

（2）政策建议书

①人口调配政策建议；②土地调配政策建议；③产业调整政策建议；④行政体系调整建议。

（3）规划编制

①编制总体规划文本。②编制各类规划图纸：现状类图纸，分析图，集聚区用

地条件评价图，国土综合平衡规划图，集聚区布局结构规划图，集聚区整体空间布局规划图，中心城市布点规划图，综合交通体系规划图。③说明书，就发展背景、现状、问题、发展战略、总体定位、空间体系结构组成、人口及用地规模、集聚区整体空间布局、各集聚区边界、功能及规模、各集聚区中心城市、综合交通体系等进行说明。

第九章　层级进化思想的应用案例

一、“单层级进化”规划案例

1.湖北省黄冈市城镇体系结构的变化

（1）1997版总规的城镇体系

1997年《黄冈市城市总体规划》所做的城镇体系规划，是以黄冈为主中心，麻城和武穴为副中心的“一主二副”结构。其中中心城市黄冈2015年规划人口52万，两个副中心规划人口为25万~30万。（图 126）

图126：黄冈市城镇体系规划“一主二副”结构（1997）

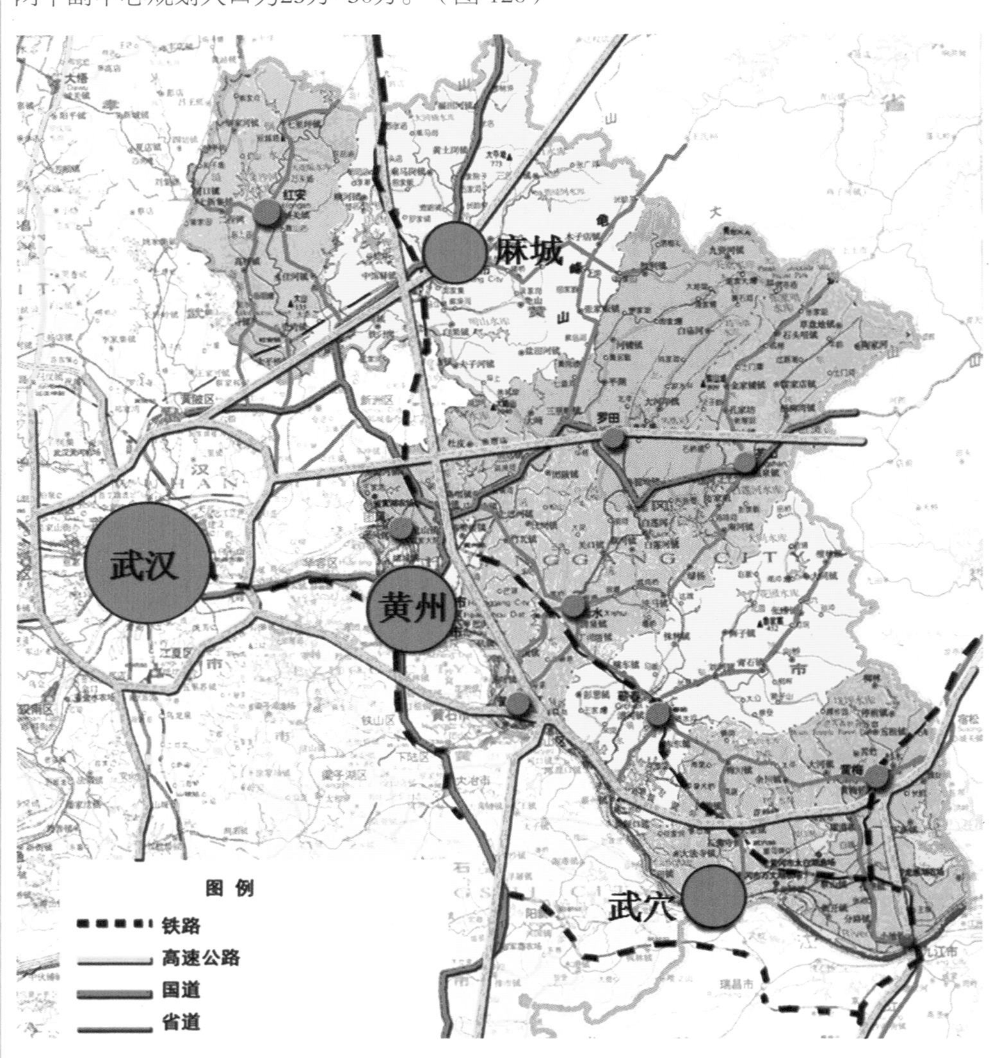

（2）新的发展背景

2003年《湖北省城镇体系规划》提出了武汉大都市连绵区的概念，即以武汉为中心，包括黄石、鄂州、孝感、黄冈、咸宁、仙桃、潜江、天门、大冶、应城、汉川、云梦等大中小城市所组成的城市区域。

在此基础上，形成了武汉城市圈“1+8”结构。黄冈与武汉城市圈形成了多点对接格局（图 127）。从而对黄冈市城镇体系提出了新的要求。原有的一主二副结构与新的都市圈结构已不匹配，必须重新建立新结构。

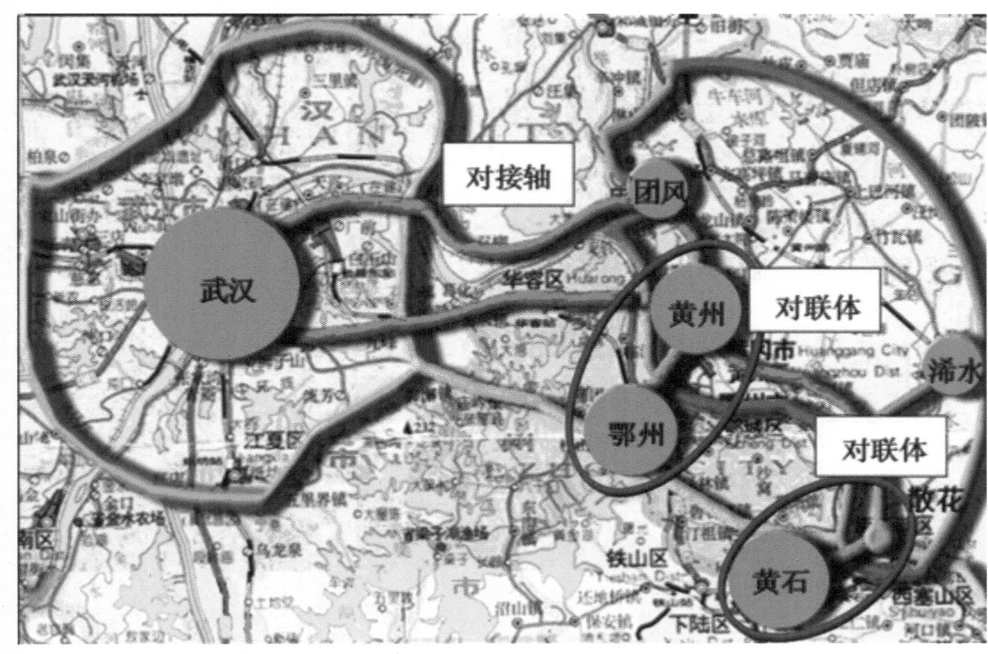

图127：黄冈与武汉城市圈的总体对接格局

（3）构建新结构

2005黄冈城市发展战略研究依据武汉城市圈结构，提出了“核心区+轴带”的市域城镇体系新结构。即以黄州、团风、散花等若干对接点为主导，整合浠水、淋山河、方高坪、巴河、兰溪等城镇共同构成核心集聚区。沿长江及其他主要交通轴形成轴带结构。（图128）

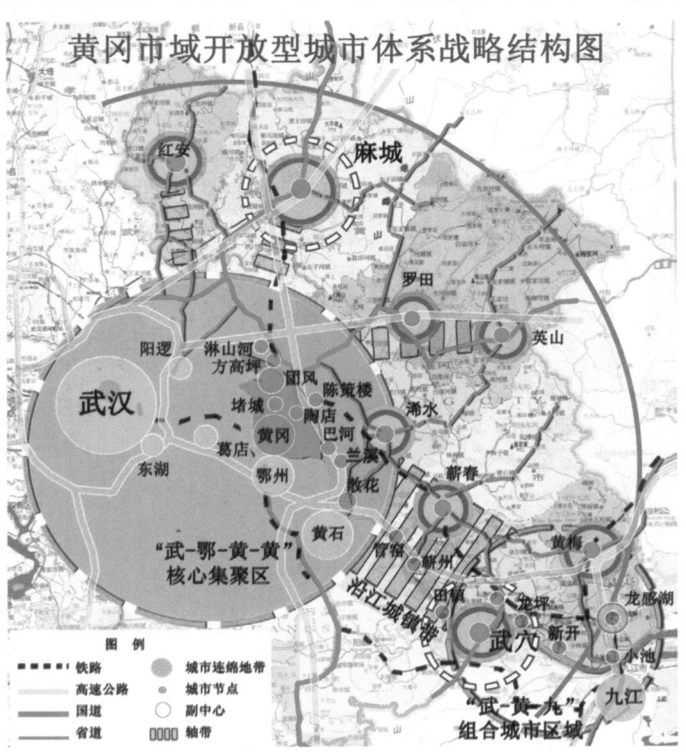

图128：核心区+轴带结构（2005）

与1997版比，前后两个结构，一散一聚，反差鲜明。新结构无法从原结构中长出来，必须经过结构创新。

（4）评价

最突出的改变是核心集聚区概念的提出。在核心区中，团风现状只有3万城市人口，浠水的散花镇只有几千城镇人口，都处于城镇体系的低位，若仅靠自然演变，是无论如何不能具有核心职能的。但在武汉城市圈结构支撑下，就可以构建与原来完全不同的新结构。因此，高级结构是低级结构的基本依据。

2.环渤海整合结构

（1）环渤海现状

环渤海各省、市目前已形成若干城市群、带，但总体松散，没有形成整合结构。

（2）环渤海的定位

在宏观层面，环渤海处于我国东部沿海和东北亚经济圈的交汇叠合区域，宏观区位优势突出。东部沿海是我国工业化进程中主要的产业集聚地带，也是我国与全球经济对接的前沿地带。东北亚区域由于地缘邻近和经济梯度互补，具备形成较为紧密的经济体的基本条件。

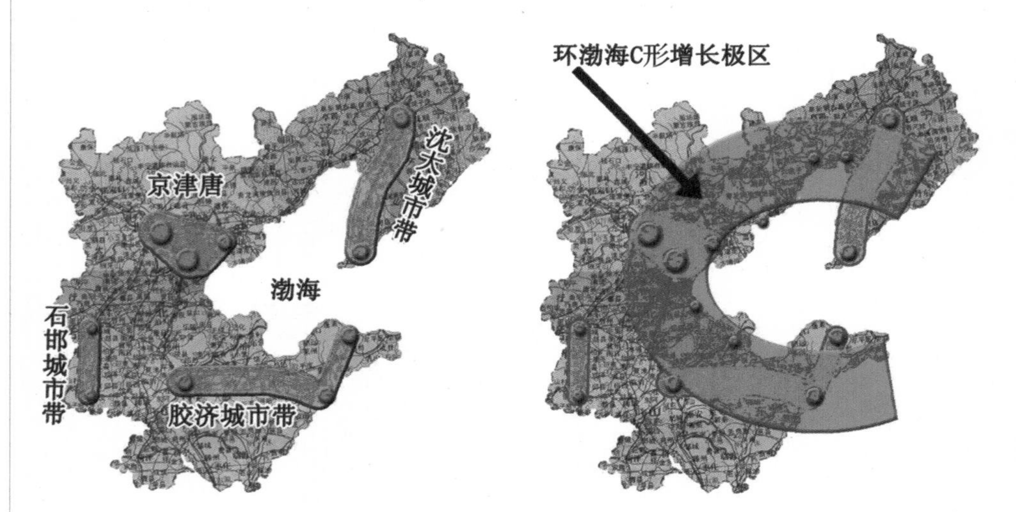

图129：环渤海各城市群现状（左）和理想的C形城市群集聚结构（右）比较

上述两大结构体系的交汇叠合，将促使环渤海区域成为我国未来经济发展的重要“极区”。我国“长、珠三角”已成为带动广大南方地区发展的“增长极区”，而广大北方地区的“增长极区”则最有可能在环渤海地区产生。

随着黄–烟铁路、环渤海高速公路、烟大轮渡等重大基础设施的建设，环渤海地区将整合形成新的国家级增长极区。注意：新结构≠原有结构，突变真的是从天而降。

（3）构建新结构

目前京津冀辽鲁总计城市人口约为1.47亿，散布在各级城镇中。未来将达到约2亿城市人口。假设在一开始便进行结构引导，将形成完全不同的发展局面。

环渤海地区，有高智力、高技术密集的京津地区，有传统的重工业地区东北，有新兴的制造业基地山东，三大区域的产业组合关系良好，同时有东北亚大区域结构依托和广大的“三北”腹地支撑，一系列已有、在建和将建的环渤海高等级交通基础设施更提供了重要的物质基础。所以这一地区具备成为一个一体化、极核化发展地区的有力条件。

环渤海交通走廊的建设，为“环渤海极区”概念提供了重要的基础设施支撑条件。以环渤海交通走廊为基础，串联烟台、东营、黄骅、京津唐、秦皇岛、沈阳、大连等城市，将形成联结华北和东北的“C”形集聚结构，这无疑将成为带动广大北方地区发展的火车头，成为与“长、珠三角”比肩的新的国家级增长极区（图129）。

然而，现实情况却是三大区域各自为战、空间结构松散独立，整合优势难以发挥。所以有必要重新构建一个新的结构形式——环渤海增长极区。如果以这一结构为依托，引导新增的产业和人口的集聚，那么区域的整体集约化程度、生产力水平将得到迅速提高。而这一切都不是某一个省自己能够做的，只有国家层面的统一协调才能够实现。

（4）更大的国家级结构构建

如果跳出环渤海范围，站在京沪鲁豫尺度看，则又发现一个新的巨型结构——“京沪鲁豫”大十字结构，其中涌现出济南节点和徐州-枣庄-济宁-临沂节点区域。这又是对前述“C”形结构的刷新。

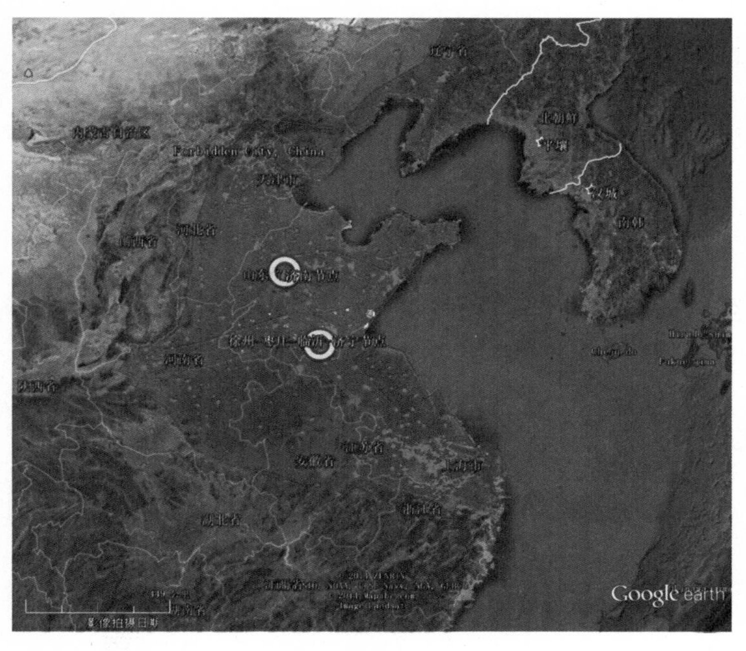

图130：2040年中国国家空间系统“京沪鲁豫”板块次级结构推演

二、多层级联动应用案例——烟台总规

1.山东省城市体系的演变——从双核心到三核心

1996年《山东省城镇体系规划》的省域城镇体系空间结构采取“双心带动”的点轴发展战略。所谓双心带动，“即以济南、青岛为中心带动全省发展[①]”。这“主要是基于对山东过去的历史总结。这种格局准确反映了计划经济体制下以内向型经济活动为主的区域经济运行特点，但无法适应改革开放以来沿海外向型经济主导下的区域经济发展和运行态势，以及进一步扩大开放、促进山东半岛再上发展新台阶的要求。

表37：2000年到2003年青–烟–济GDP比较

	2000年GDP:亿元	2004年GDP:亿元
青岛	1151.2 （统计公报）	2163.8
烟台	880 （10–5计划）	1639.0
济南	952.2 （10–5计划）	1618.9

从2000年到2004年三大城市GDP的变动可以看出，烟台的排名从第三上升到了第二。这不仅说明其经济实力的提高，更说明烟台在外向型经济条件下发展潜力得以释放。

2004年《山东半岛城市群发展战略研究》“依据区域经济空间格局”，提出了“青–烟–济”三中心结构：“半岛城市群地区应当构造以青岛、济南和烟台三个综合性区域中心城市为核心的城市职能分工和产业协作体系。”[②]

2.环渤海结构提升烟台定位

在宏观层面，烟台处于我国东部沿海和东北亚经济圈的交汇叠合区域，宏观区位优势突出。

烟台虽然在山东省可能处于副中心地位，但若将山东半岛与环渤海极区、东北亚经济圈等结合起来考虑，烟台则成为几大板块的“铰接点”。

烟台不仅是山东半岛的副中心城市，在大尺度的“环渤海地区”则进入重要的“极区”区位，成为重要的核心城市之一；在更大尺度的东北亚区域，则进入重要的“前沿”区位，成为我国对接东北亚和全球经济的前沿城市。

① 山东省人民政府，《山东省城镇体系规划综合报告（1996～2010）》，P81。
② 周一星、杨焕彩主编《山东半岛城市群发展战略研究》，北京，中国建筑工业出版社，2004.8，第23、30页。

3.城镇体系结构的相应变化

1993年版的城镇体系（三个组群）体现了一种均衡发展的思想，而新版城镇体系则体现了集聚思想，强调北部滨海城市带（图132）。

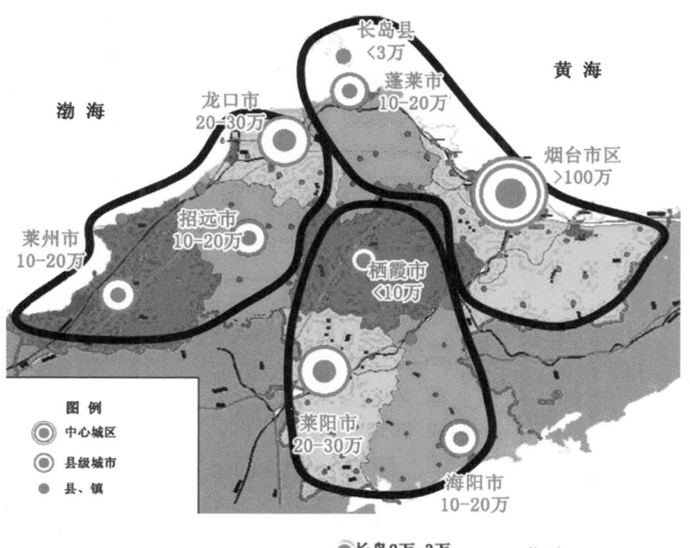

图131：1993年版城镇体系（三个均分式组群）

4.中心城市结构的相应变化

原版总规的8大组团结构相对较分散，中心不突出。新版总规强化了中心组团，合并了个别小组团，形成更为紧凑的新结构。（图133）

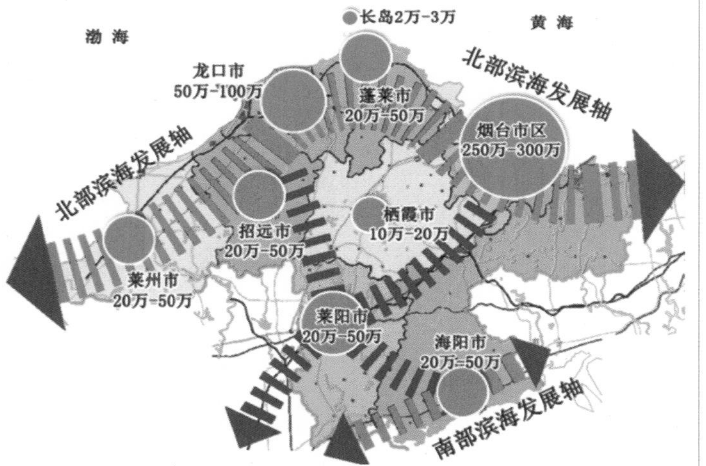

图132：2005年版城镇体系（强调北部滨海城市带）

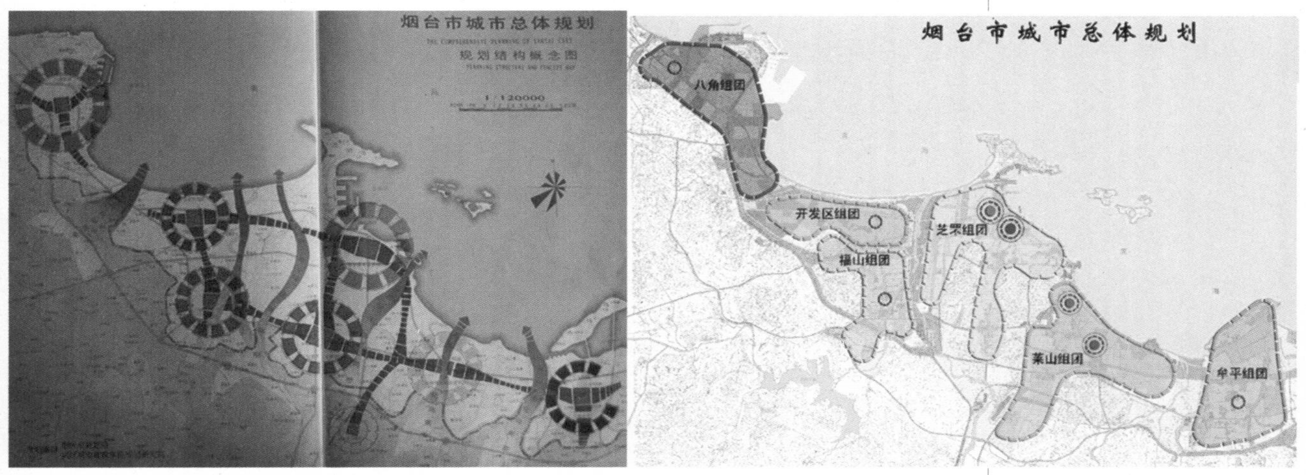

图133：烟台总规1993年版8大组团结构（左）2005年版烟台总规6大组团结构（右）

5.案例要点

（1）创新性

山东的双核心结构对应于内向型经济，三核心结构对应于外向型经济。从内向型到外向型的转变导致了系统边界扩大，从原来的省域范围扩大到了环渤海、东北亚，进而导致系统组成和结构的变化：原处于末端部位的烟台、威海等城市突然间处在了发展前沿，原有的经济流发生重大改变，导致省域城市系统的结构发生突变。尽管这种突变的显现需要一个过程，但结构变化却在一开始就发生了，而且是瞬间发生。这是一个非线性过程：仅仅靠双核心结构的自然演变是长不出第三个核心的。

（2）遍历性

结构创新的影响上至产业的空间布局、经济流的方向，下至最基本的要素——人——的生产生活方式的变化，包括城市化的速度、人口的空间布局等。因此，整个系统结构将从上到下刷新一次。

（3）跨越性

从山东省层面到环渤海–东北亚–全球化层面，山东省城市系统的层级提高了至少三个级别，但并没有因为级差过多而不在高层级发展。

（4）联动性

这是一个跨越多个边界和层次的多层级进化，系统需要在多个层位上同时应变：既有新的增长核心（烟台）的生成（城市层面），也有从双中心结构向三中心结构的转变（省域层面），还存在环渤海经济圈的联动整合问题（如德–龙–烟铁路的修建）。各层面的变化表现出高度的协同性要求。

（5）高位主导性

由于最高层结构——东北亚、全球化结构——改变并主导了生产力的组织方式和基本的经济流向，因而成为城市系统各层级结构变化的主导力量。

附录1：国家系统的理论来源——系统科学部分理论摘要

20世纪40年代“老三论”的问世揭开了系统科学发展的序幕，60年代以来又陆续形成了一批基础科学层次的系统理论，包括耗散结构理论、协同学、超循环论、突变论、混沌理论、分形理论、复杂巨系统理论等。20世纪60年代以来，我国学者对系统科学的研究走在了世界前列，初步创立了系统科学的体系结构，对认识世界和改造世界具有重要的认识论和方法论上的指导意义。现对国家系统的重要理论来源简要介绍如下：

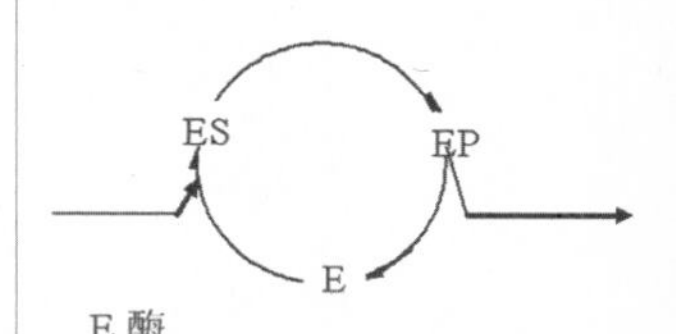

图134：酶的催化循环

1. 超循环论（Hypercycle）

该理论是国家系统理论的重要理论来源。

20世纪70年代，德国科学家艾根(Manfred Eigen)在探索生命起源的过程中创立了超循环理论。他探讨了生命起源的一个关键阶段，即由化学大分子如何进化到生物有机体，即生物信息起源问题，提出了一个自然界演化的自组织原理——超循环，“它使一组功能上耦合的自复制体整合起来并一起进化[①]”。

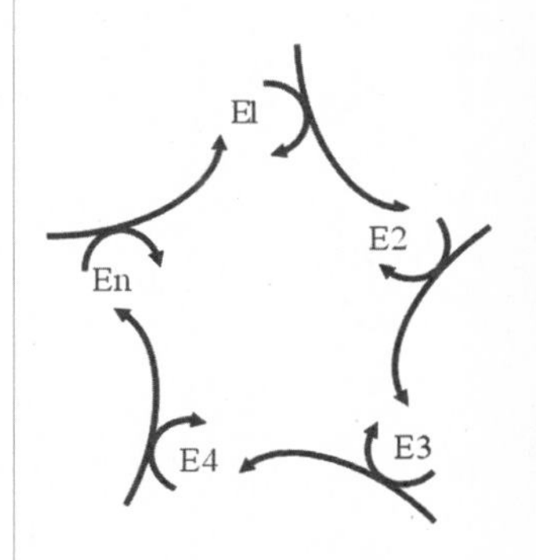

图135：自催化循环

什么是超循环？考虑一个反应序列，其所生成的产物与上一步的一个反应物相同，那么此反应形成一个循环，这个循环在整体上就相当于一个催化剂，如图 134 所示。在最简单的情况下，某一个分子例如酶代表了此催化剂，使得底物S转变为产物P，即：S⟶P。该过程简记为（E）。

假设有一系列催化循环（E1）、（E2）、（E3）、（E4）……（En）,每一个单个循环的产物都是下一个循环的底物，便形成自催化循环，如右图 135所示。

可以再将上述自催化循环作为一个子循环，若干子循环相互循环联结，构成更高层级的循环序列。因此“存在着许多形式的超循环组织，它们可以是从直接的二级耦合直到n级的复合超循环，在复合超循环中，每一步反应都需要所有成员协同

① M.Eigen & P.Schuster, The Hypercycle - A Principle of Nature Self-Orgnization, Springer0Verlag 1979,曾国屏、沈小锋译《超循环论》，上海译文出版社，1990年5月，第3页。

行动。[①]”

按照这种层级套迭的“循环—进化”机制，各级循环分别定向发展为不同的功能系统，由此形成器官、组织，最后形成生命。

超循环机制概括出了系统不断进化发展的组织形式，以此为基础形成的超循环理论成为系统科学基础理论层次重要的建筑材料。

2. 自组织理论

“耗散结构”理论、“协同学”、“突变论”、“超循环”理论，以及分形理论和“混沌”理论等都是关于系统组织和演化的理论，学术界将这一群系统理论统称为“自组织理论”。

图136：自组织的演化过程

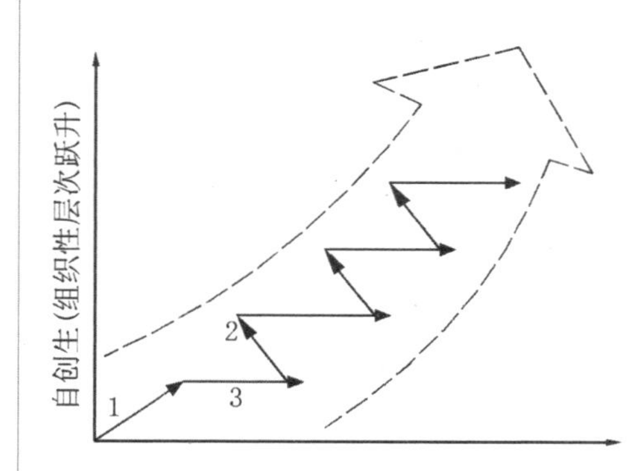

清华大学吴彤教授认为，自组织概念作为一种过程演化的哲学上的概念抽象，包含三类过程：第一，由非组织到组织的过程演化；第二，由组织程度低到组织程度高的过程演化；第三，在相同组织层次上由简单到复杂的过程演化。这三个过程分别具有不同的意义。第一过程，是从非组织到组织，从混乱的无序状态到有序状态的演化，它意味着组织的起源；第二过程，是一个组织层次跃升的过程，有序程度通过跃升得以提升，研究的是组织复杂性问题；第三过程，标志着组织结构与功能在相同组织层次上从简单到复杂的水平增长。这种组织复杂性增长，也是复杂性研究的重要任务。这三个过程形成了组织化的连续统一体，可以完整表达为图 136 的形式。[②]

在图 136中，吴彤教授用回折线表示自组织跃升的第二过程，表示每当跃升发生后，跃升的高一级组织层次的起点的水平复杂性(又称结构复杂性)一般总低于低一级组织层次的水平复杂性。这就意味着，“每当自组织过程中出现一个新组织层次时，在其起点，系统功能就要有所简化，以及相应的系统结构的简化，但是同时也就开始了从这个起点朝结构和功能更复杂演化的累进过程”。[③]

3. 广义系统论的基本原理

1982年，清华大学魏宏森教授将一般系统论和自组织理论（耗散结构、协同学和超循环论）重新进行整合，创立了一门新的系统论，作为联系系统科学与马克思主义哲学的桥梁，为区别贝塔朗菲的一般系统论，就称为“广义系统论”。1985年又提出广义系统论的八大基本原理④：

①整体性原理：各个要素一旦组成系统整体，就具有孤立要素所不具备的性质和功能，整体的性质和功能不等于各个要素的性质和功能的简单加和。

②开放性原理：任何系统只有保持与外界环境不断的物质、能量和信息的交换，才能维持自身的动态稳定性。

③层次性原理：系统中的各要素在系统中的作用和地位不同，系统和要素是相对的，一个系统可以是上一层次系统的要素，一个要素也可以是下一层次的系统。

④目的性原理：开放系统具有趋向于某种确定状态的特性。

⑤分解协调原理：系统可以被分解为若干相互衔接和关联的部分，协调其关系或结构，使其功能达到预定的效果。

⑥自组织原理：多要素的开放系统中，要素间的协同和竞争会导致系统状态的涨落，在一定的外界条件和系统内部的非线性机制作用下，有的涨落会被放大，使要素在更大范围内产生协同运动，从而使系统从无序走向有序，从低级有序走向高级有序。

⑦稳定性原理：系统在外界作用下保持和恢复其原状态（序）和内部结构功能的性质。系统的稳定性是在运动中实现的。

⑧突变性原理：系统由稳定状态到达非稳定状态临界点时，会在外部条件未改变时发生质变，跃迁到另一种稳定状态。引起突变的内部条件，就是系统状态自身的不稳定性。

4. 巨系统、复杂巨系统、开放的复杂巨系统

（1）巨系统

早期系统科学（一般系统论除外）研究的都是小系统，随着被研究系统的规模逐步增大，20世纪60年代提出了大系统概念，建立了大系统理论，认识到系统规模增大对系统性质的影响。贝塔朗菲在60年代考虑过由巨量元素组成的系统问题，但未能提出相应的概念。

20世纪70年代系统科学界开始考虑更大规模的系统问题，钱学森提出了“巨系统”概念。从小系统到大系统，虽然出现了一些新现象，但总的来说没有全新的质变。而从大系统到巨系统，单纯的规模增大可导致系统出现全新的性质。钱学森指出：“量变可以引起质变：H. Haken等人的协同学证明这是可能的，即巨系统的统

① M.Eigen & P.Schuster, The Hypercycle - A Principle of Nature Self-Orgnization, Springer0Verlag 1979,曾国屏、沈小锋译《超循环论》，上海译文出版社，1990年5月，第141页。

② 参考吴彤《自组织方法论研究》，清华大学出版社，2001年6月，图2-10选自该书，第10页。

③ 参考吴彤《自组织方法论研究》，清华大学出版社，2001年6月，第11页。

④ 魏宏森、宋永华《开创复杂性研究的新学科——系统科学纵览》，四川教育出版社，1991年12月，第61-71页。

计理论说明巨系统中会出现简单系统没有的现象，如自组织现象。[1]”

“处理小系统和大系统的经典系统理论仍大量使用还原方法。但系统规模越大，还原方法越难奏效，越需要运用系统思想从整体上认识和解决问题。[2]”关于研究巨系统问题的方法论，钱学森指出：应当“搞清大系统与巨系统的区别，大系统控制论是不能直接用来解决巨系统问题的[3]”。描述巨系统需要建立巨系统理论，耗散结构论、协同学、超循环论实际都是巨系统理论。

（2）复杂巨系统

哈肯等人的巨系统理论是建立在物理化学等系统基础上的，微观、宏观层次分明，原则上不存在中间层次，并可以得到精确的定量结果。但社会和生命等巨系统的结构却是分层次、分区域的，仅仅用规模大小来划分巨系统不能反映不同系统之间质的差别，于是钱学森提出了复杂巨系统概念。

“在巨系统中，如果组分种类繁多（几十、上百、上千或更多），并有层次结构，它们之间的关联方式又很复杂（如非线性、不确定性、模糊性、动态性等），这就是复杂巨系统。这类系统无论在结构、功能、行为和演化方面都非常复杂，在时间、空间和功能上都存在层次结构。[4]”

（3）开放的复杂巨系统（open complex giant system）

钱学森于1989年进一步提出了开放的复杂巨系统概念，国外同时期有“开放的系统科学”的提法。开放是系统科学的主要支柱之一，在开放的复杂巨系统中，钱学森给“开放性”赋予了新的内涵：[5]

“开放的”不仅意味着系统一般地与环境进行物质、能量、信息的交换，而且还具有主动适应和进化的含义。首先是组成系统的个体和子系统从外部环境或通过与其他子系统相互作用而交换信息，主动地、适应地改变自己的行为，进而导致系统结构的调整。这就使得系统内部关系随时间及情况不同有极大的易变性，系统不是既定的、不变的，而是动态的和发展变化的，不断出现新情况、新问题。因而系统的动力学特性也具有进化的含义，通过进化以更好地适应环境。

“开放的”还意味着要重视系统行为对环境的影响，必须考虑系统行为对环境的塑造。其实质相当于把整个环境也囊括在内的一个“完全系统”，这似乎是系统发展的极限边界。

① 钱学森 等著：《论系统工程》增订本，长沙：湖南社会科学出版社，1982，270页。
② 苗东升《系统科学精要》，北京：中国人民大学出版社，1998年5月，第222页。
③ 钱学森《大系统理论要创新》，载《系统工程理论与实践》，1986（1）
④ 许国志主编：《系统科学》，上海科技教育出版社，2000年9月，第304页。
⑤ 参考许国志主编：《系统科学》，第305页。此处根据学习心得做了一定修改。

附录2：美国、韩国、日本人口与产业的地区分布原始数据

表 38：美国人口与产业的地区分布表——来自《世界统计年鉴》

	1990.4.1人口数/千人	1996.7.1人口数/千人	1994GDP/亿美元	1994/农业产值	1994/非农产值
缅因	1228	1243	246	5	241
新罕布什尔	1109	1162	281	2	279
佛蒙特	563	589	126	3	123
马萨诸塞	6016	6092	1773	10	1763
罗德艾兰	1003	990	227	2	225
康涅狄格	3287	3274	1043	7	1036
纽约	17991	18185	5447	25	5422
新泽西	7730	7988	2422	13	2409
宾夕法尼	11883	12056	2799	29	2770
俄亥俄	10847	11173	2616	31	2585
印第安纳	5544	5841	1316	24	1292
伊利诺斯	11431	11847	3172	48	3124
密执安	9295	9594	2274	23	2251
威斯康星	4892	5160	1197	29	1168
明尼苏达	4376	4658	1187	33	1154
衣阿华	2777	2852	653	48	605
密苏里	5117	5359	1218	23	1195
北达科他	639	644	130	14	116
南达科他	696	732	165	18	147
内布拉斯加	1578	1652	396	35	361
堪萨斯	2478	2572	590	29	561
特拉华	666	725	252	3	249
马里兰	4781	5072	1256	12	1244
哥伦比亚特区	607	543	447	0	447
弗吉尼	6189	6675	1706	18	1688
西弗吉尼	1793	1826	335	3	332
北卡罗来纳	6632	7323	1772	42	1730
南卡罗来纳	3486	3699	767	11	756

续表

	1990.4.1人口数/千人	1996.7.1人口数/千人	1994GDP/亿美元	1994/农业产值	1994/非农产值
佐治亚	6478	7363	1750	32	1718
弗罗里达	12938	14400	3018	59	2959
肯塔基	3687	3884	832	23	809
田纳西	4877	5320	1207	17	1190
亚拉巴马	4040	4273	846	20	826
密西西比	2575	2716	482	15	467
阿肯色	2351	2510	483	24	459
路易斯安那	4220	4351	970	12	958
俄克拉荷马	3146	3301	635	19	616
得克萨斯	16986	19128	4615	76	4539
蒙大拿	799	879	160	10	150
爱达荷	1007	1189	230	15	215
怀俄明	454	481	156	4	152
科罗拉多	3294	3823	953	17	936
新墨西哥	1515	1713	365	7	358
亚利桑那	3665	4428	895	14	881
扰他	1723	2000	397	5	392
内华达	1202	1603	415	3	412
华盛顿	4867	5533	1363	37	1326
俄勒冈	2842	3204	701	22	679
阿拉斯加	550	607	223	3	220
夏威夷	1108	1184	347	5	342
加利福尼亚	29758	31878	8339	179	8160

表39：韩国人口与产业的地区分布表——来自《世界统计年鉴》

	1995人口/千人	1995GDP/10亿韩元	#农业	#矿业	#制造业	2、3产业
汉城市	10231	82803.1	331	5.6	9377.5	82466.5
釜山市	3814	23563.9	685.4	4.4	5269.8	22874.1
大邱市	2449	13902.1	137.8	4.2	3474.2	13760.1
仁川市	2308	17684	306.9	37	8587.7	17340.1
光州市	1258	8103.2	231.1	2.2	2159.5	7869.9
大田市	1272	7646.5	63	2.9	1777.7	7580.6
京畿道	7650	58714.2	2299.6	187.5	27339.8	56227.1
江原道	1466	9336.9	1126.7	258.8	1632.1	7951.4
忠清北道	1397	11339.5	1368	77.6	4364.8	9893.9
忠清南道	1767	14459.8	2731.3	91.5	3862.8	11637
全罗北道	1902	12891.2	2313.5	50.7	3214.8	10527
全罗南道	2067	18289.1	3965.7	104.6	5146.7	14218.8
庆尚北道	2676	23555	3603.3	129.2	8635.8	19822.5
庆尚南道	3846	42440.4	3072.2	94.7	23118.6	39273.5
济州道	505	3630.9	1201.2	11.3	129.8	2418.4

表 40：日本人口与产业的地区分布表——来自《世界统计年鉴》

县(都、道、府)	1995年人口数/千人	1994第一产业/10亿日元	1994第二产业/10亿日元	1994第三产业/10亿日元	2、3产业
东京	11774	54	21351	67731	89082
大阪	8797	42	10710	29649	40359
爱知	6868	269	13328	18484	31812
神奈川	8246	86	11300	18415	29715
兵库	5402	172	7393	12684	20077
崎玉	6759	168	7452	12492	19944
北海道	5692	866	4688	13987	18675
福冈	4933	223	4795	13323	18118
千叶	5798	351	5927	12180	18107
静冈	3738	269	6687	8598	15285
广岛	2881	126	3546	7439	10985
茨城	2956	310	4895	5757	10652
京都	2630	68	3030	7056	10086
宫城	2329	259	2423	5835	8258
长野	2194	241	3233	4541	7774
群马	2004	143	3545	4209	7754
福岛	2134	240	2873	4663	7536
枥木	1984	185	3431	4082	7513
冈山	1951	123	3198	4227	7425
三重	1841	186	2693	3487	6180
新泻	2488	296	3311	5701	5701
山口	1556	111	2197	3339	5536
滋贺	1287	64	2802	2665	5467
熊本	1545	307	1588	3778	5366
鹿儿岛	1176	280	1183	3655	4838
爱媛	1507	199	1824	2949	4773
长崎	1273	187	1064	3552	4616
石川	1180	80	1366	3026	4392
岩手	1420	274	1529	2795	4324
富山	1123	93	1792	2475	4267
岐阜	2100	115	2731	4256	4256
青森	1482	304	1107	3097	4204
大分	1860	175	1645	2530	4175
山形	1257	201	1410	2483	3893
香川	1027	87	1159	2499	3658
秋田	1214	227	1195	2444	3639
奈良	1431	60	1234	2227	3461
和歌山	1080	154	1214	1958	3172
福井	827	69	964	2071	3035

续表

县(都、道、府)	1995年人口数/千人	1994第一产业/10亿日元	1994第二产业/10亿日元	1994第三产业/10亿日元	2、3产业
宫崎	1131	219	948	2048	2996
山梨	882	81	1118	1825	2943
佐贺	884	129	946	1753	2699
德岛	832	113	869	1561	2430
高知	817	160	648	1656	2304
岛根	771	86	703	1595	2298
冲绳	1794	78	658	1544	2202
鸟取	615	87	688	1318	2006

附录3：美国现代农业简介

美国农业概况[1]

美国有50个州，3000多个县。幅员面积932.76平方公里，人口2.63亿，每平方公里人口密度为12人。美国用仅占世界0.3%的农业劳动力生产了占世界总量11%的粮食、15%的饲料、25%的牛肉和11%的猪肉，成为世界上最大的农产品出口国。美国农业科技水平、机械化程度高，一个劳动力平均可种1500亩或养 100头奶牛或喂5000头肉牛或8000头猪。每个农民可供养128个人，其中美国人94个，外国人34个。美国87%的农场属家庭农场，平均每个农场拥有土地2778亩。

美国现代农业特征[2]

美国的发展以二战为分界线，现代化的特征逐渐表现出来，设施农业得到加强。其主要特点可以概括为三个方面：

一是机械化水平进一步提高。从二战以后到60年代中后期，各种农业机械迅速增加，1945—1965年拖拉机增长103%，谷物联合收割机增长179%，其它种类的机械数量也有大幅度增加，此后，机械质量和性能大大提高，1965年平均每台拖拉机功率为36.8马力，1986年增加到66.6马力。在一些高难度作业领域，如马铃薯、甜菜、西红柿及葡萄等的采收都实现了机械化。畜禽饲养实现了自动化和工厂化，目前，农业机械与计算机、卫星遥感等技术结合，正在向高度自动化和精确化方向发展。

二是实现了农业化学化。20世纪50年代至80年代美国化肥消耗量直线上升，80年代以后，由于在较高的化肥投入水平上单位投入报酬递减和生产化肥品种的有效

① 中国农村专业技术协会网：赴美大豆机械化免耕、少耕精准栽培技术培训考察报告，http://www.china-njx.com/zzjs2005-6-mg-11.htm

② 李治民、徐小青：中国农业生产方式与美国的比较，河北农业大学农村发展学院，中国农业科技信息网，http://tch.hebau.edu.cn/nongcunfzh/lt12.htm。

成分不断提高，化肥使用量呈减少趋势。

三是经营集约化和产业化，生产专业化，服务社会化。目前，美国农场的平均规模已经达到176公顷，其中大农场已经达到1200～1600公顷。机械化技术、资金密集型经营已经成为主要的经营方式。在农业发展过程中，行业分工越来越细，产业化程度越来越高。农场规模的扩大也促进了专业化程度的提高。

小型农场（年产值在10万美元以下）占83.6%，农业产值只占34.2%：

中型农场（年产值10万～50万美元）占14.2%，农业产值占38%：

大型农场（年产值在50万美元以上）虽然仅占2.2%，但其农业产值却占27.8%（1993年）。

农场的专业化比例很高，棉花农场专业化比例为79.6%，蔬菜农场87.3%，大田作物农场81.1%，园艺作物农场98.5%，果树农场96.3%，肉牛农场87.9%，奶牛农场84.2%，家禽农场为96.3%。

随着农业专业化水平的提高，各种为农户服务的组织和合作社大量发展，产前、产中、产后的社会化服务十分周到。目前主要的服务组织类型有：各类大型生产资料公司；为农民提供信贷的银行、信用社：农民自己组织的各类合作社；农民自己组织的各类协会、农贸市场等。

美国明尼苏达州现代农业[①]

明尼苏达州位于美国中北部,临近加拿大,属内陆州,全州506万人口,总面积8.41万平方英里,其中,土地面积7.93万平方英里,水域面积0.48万平方英里;2002年,农业销售额达75亿美元,居全美第7位,在其构成中,种植业占51.3%,主产玉米、大豆、甜菜等,畜牧业占48.7%,主产生猪、牛奶、肉牛等。

明尼苏达州农业的基本生产单位是农场,90%以上是家庭农场,其余是合作农场和公司农场,但仍然依托于家庭农场。

表41：2002年明尼苏达州农场概况

人口	总面积	农场总数	农场总面积	农场规模	农业销售额
506万	8.41万平方英里	8.09万个	16875万亩	1000~5000亩平均面积为2088亩	75亿美元

表42：2003年明尼苏达州农业就业及产值概况

农业和食品业的就业人数占全州总就业人数	其中			2003年农业生产及农业加工总产值	就业岗位：万
	乡村地区	城市就业市场	从事农产品的加工、运输、供应和服务		
16%	26%	13%	80%以上	530亿美元	39.3

① 来源：孙成民：走访美国明尼苏达州现代农业，《农村经济》2005年第1期

附录4：德国南部的中心地体系

下表为克里斯泰勒研究的德国南部的中心地体系，最小的中心地规模有1000人。

表43：德国南部地区城市结构体系

城市类型和级别	中心地数目	市场区数目	区域半径（公里）	区域面积(平方公里)	提供货物和服务种类	中心地人口(个)	区域总人口(个)
1(M)	486	729	4.0	44	40	1000	3500
2(A)	162	243	6.9	134	90	2000	11000
3(K)	54	81	12.0	400	180	4000	35000
4(B)	18	27	20.7	1200	330	10000	100000
5(G)	6	9	36.0	3600	600	30000	350000
6(P)	2	3	62.1	10800	1000	100000	1000000
7(L)	1	1	108.0	32400	2000	500000	3500000
合计	729	–	–	–	–	–	–

表中左侧第一行为城市类型和级别，第7级(L)是地区首府慕尼黑，中心地数和市场区数各1个，为最高级的中心地，区域半径108公里，区域面积32 400平方公里，总人口350万人，其中慕尼黑人口50万人；提供货物和服务2 000种。以下级别依次降低，到最低的1(M)级，服务半径、区域面积、总人口、中心地人口和服务内容均减到最少，但是中心地数量和市场区数量却最多，把整个巴伐利亚州全部覆盖起来。

1930年代德国M级区域（44km^2）中总人口为3500人，扣除中心地的1 000人后应为2 500人（推断为农村人口）。而今天同样面积的区域中则平均分布约100个农场，仅需要劳动力330人。

图137：德国农业基本结构（平均每座农场劳动力仅3.3人）

表 44：德国农业基本结构（平均每座农场劳动力仅3.3人）

农业指标	1970[1)]	2001
农场数量	54.5万座	39.5万座
农场劳动力	271万人	132万人
平均耕地面积[2)]	9公顷	43公顷
农业经济部门之就业人口比例		
农林渔业产品生产者	14%	3%[3)]
农产品加工业	48%	34%
贸易、运输与资讯传播业者	17%	23%
农业其他部门从业人员	21%	40%

说明：1）指前西德地区。2）不包含1公顷一下之农场。3）为1998年度资料。

资料来源：Ernährungs-und agrarpolitischer Bericht, 2002: Anhang, S.14.

附录5：荷兰的现代农业

来源:《中国科技成果》2003.18 中国科学技术信息研究所加工整理[发布时间:20040331]

http://www.chinainfo.gov.cn/data/200404/1_20040408_77949.html

荷兰是重要的欧盟成员国，荷兰的农业在欧盟占有十分重要的地位。同时，荷兰又是世界上第二大农产品出口国，在国际农产品贸易中占有举足轻重的地位。

1. 农业生产基本条件　荷兰国土面积 4.2万平方公里，70%的土地用于农业种植。全国人口 1600万，其中农业人口占全国人口的45%。

2. 农业生产经营方式和规模　荷兰的农业生产多以家庭为主的大农场经营, 集约化程度高、专业化水平也普遍较高。据统计, 1996年荷兰农场的总数为11.07万个,其中专业化农场为9.11万个。在这些农场中,种植业农场（包括大田作物、园艺、多年生作物、混种作物）3.81万个,其中专业化农场3.23万个；畜牧业农场（包括放牧牧场、猪和家禽养殖场、畜禽混养场）6.76万个,其中专业化农场5.51万个；混合农牧场（即多种经营农场）4927个,其中专业化农场3682个。每个农场的平均规模在18公顷左右。

附录6：城市系统的微观结构研究——以沙县工业园区内企业为例

1. 研究目的

认识城市系统微观结构的基本系统特征，以更好地理解宏观结构的运动变化规律。

2. 案例选取

选取沙县“民营工业园”和“金沙园”的企业为例进行分析研究。（本研究的基础资料与黄应霖、陈邱玲、王晟等共同完成）

（1）金沙园调查数据

表44：沙县金沙园访谈资料汇总表（2004.5）

项目	三和食品	明福木业	麦丹	金义	京明纸箱	三明重工	光大包装
用地面积	133亩	70亩	48亩	124.2亩	50亩	64亩	30亩，一期20亩
就业人数及基本状况	550人，三明地区为主60%，本县乡镇10%，安徽、湖南浙江40%。职工队伍比较稳定，暂住户口，企业看重他们的技术积累，靠工龄补贴来留住人员	本地50%，其中城关25%；外地50%，安徽、四川等，40户带家眷的双职工，职工队伍比较稳定	430人，本地为主，30名搬运工人来自四川，职工队伍比较稳定	最多时30多，目前27人，人员变动较大，以后可能会增加10~15个，	40人，本地20人多，其中乡镇的比县城稍多些， 外地以河南员工为主，外来员工以技术性为主，职工会增加1倍	73人，20%三明地区本地，80%外地，江西、四川、浙江，目前有13户带家眷，大多数为单身技术工人，要求技工要稳定	淡季40~50人，旺季100人，本地为主，乡镇70%，县城30%，外地只有几个；技术工人15~16人，希望其稳定
企业性质	浙江籍民营企业	本地民营企业	本地乡镇企业转制为股份制	本地民营企业，隶属于烟草集团	股份制企业		民营股份制企业

续表

项目	三和食品	明福木业	麦丹	金义	京明纸箱	三明重工	光大包装
住宿情况	厂区内有宿舍，共88间，每间4~10人，拟在厂内建集体宿舍，以单身楼为主，4层楼房	2栋宿舍楼，50套	厂区内有宿舍	正式编制的职工15人住三明，其余12人住职工宿舍	城关的回家住，计划建1000多平米的宿舍楼	厂区内有宿舍	乡镇的员工住宿舍，县城员工回家住
员工年龄	20~40岁	30~40岁	20~40岁	20~30岁	20~30岁	20~30岁	20~30岁
主要产品及其销售	竹笋制品，主要销往日本，国内主要有上海、北京，拟拓展国内市场	胶合板 主要销往上海、北京、深圳、厦门等	调味品系列，味精、鸡精、大米蛋白等主要销往本省（约50%）、江西、昆明、广州，外地约50%	配色地膜 烟叶仓储 烟草育苗基质；产品供三明烟草局，部分供三明烟草分公司	7层及其以下纸箱 主要销往广西、安徽、江苏	重型机械，主要销往大西北	纸制包装、印刷，主要销往本省，古田为主，企业具有出入境商检资质，故其他厂与本厂合作
原料及来源	竹笋，三明地区各县，原料来源有季节限制，但加工销售没有限制	木材，三明地区50%，外地（江西、安徽）50%	大米，本地、江西	聚乙烯，化工厂外购	原料来源本地90%，外地10%；	钢板，来自上海、武汉、酒泉	纸，90%的质量好的纸来自青山纸业，10%差的纸来自外地和本地纸厂
初始投资	5000万元	不详	不详	不详	2000万元不到	2000万元	不详
土地成本	1.5万/亩	见材料	见材料	见材料	见材料	见材料	见材料
产量、及产值产销率（2003年）	3600万吨1.56亿，2004年1~4月同比增长15%	2500万元	2500吨， 2亿元 95%~97%	2000多万元	500万~600万元	2000万元	2003年10月投产以来的产值600万元
上缴税收、利润	380万元，为纳税大户（进项税率13%，销项税率17%）	50万元 利润25万元	为纳税大户	不详	不详	受宏观政策影响，利润摊薄为2%~3%	不详
产品运输与出口口岸	70~80%从福州口岸，福州口岸运力不足，只有周六有船到日本，故20~30%上海口岸	公路运输	公路运输	公路运输，少部分铁路运输	公路运输	铁路运输	公路运输
投资回收期	2年（静态）	不详	5年以内	不详	6~7年	3~5年	5年左右

续表

项目	三和食品	明福木业	麦丹	金义	京明纸箱	三明重工	光大包装
目前的制约因素	土地不够 人员不够，交通不便	无	用水问题；新产品开发的资金问题；技术人员比较缺乏，以大中专为主	内部交通问题，尤其沙县内进园区不方便	内部交通问题， 生活服务问题；土地不够用	单一化经营的风险	内部交通问题；大交通在改善，机场、高速公路将对本企业带来契机
未来发展	拟在本地投产三个项目：投资2000万建三和橡胶制品有限公司，在现有土地中造厂，外购原材料，与杭州（49%）合资经营，本公司51%，产品100%出口；三和制罐，为三和食品配套，原从杭州采购空罐；三和物流，占地240亩，投资800万	不详	不详	如果机场、高速公路通行后，拟投产建卷烟配送，成为全国各地卷烟厂的中转站	不详	拟发展铸造，但担心电力供应不上，发展机械配件，自筹资金50%，银行贷款50%	拟投资发展纺织业；拟投资搞彩印业，但投资大、回报率低
拟增加土地、投资和员工	200~300亩土地，1000万美元，600人	不详	不详	不详	拟增加1万平米的仓储面积	目前土地没有用完	不详
需要的政策扶持	目前没有税收优惠政策，希望增值税地方留成中部分返回	无	无	需要管委会提供很优惠的政策如土地	无	无	无
需要城市规划方面的基础设施配套	医院、休闲娱乐、教育及其他配套设施，服务范围在1公里以内	不详	不详	需园区内的餐饮业配套	希望生活服务问题尽快搞好	建筑密度太低，只有35%，希望提高，绿化比例降低	对高档居住区、娱乐、公寓有需求
来本地发展的主要原因	靠近原材料地	本地企业	本地企业，开发区建成后划入开发区范围	由三明市同性质的企业迁过来，本地成本较低	主要由于靠近青山纸业原料地，故选址于此	原在三明租赁厂房，成本太高，后迁至本园区，地便宜、办事效率高，政策很优惠	政策很优惠

（2）民营园调查数据

表45：沙县民营园访谈资料汇总表 2004.5

调查项目	三华食品有限公司	宏光化工厂	恒宏包装厂	志恒包装有限公司	三明精锻齿轮有限公司	嘉利化工	福利化工厂	诚丰电气	恒源洲纺织有限公司
用地面积	50亩	120亩	3000平方米	6亩	用地25亩，实用16亩	约40亩，实用1/2	32亩(22000平方米)	8.92亩，实用2000平米	17.6亩
就业人数及基本状况	工人250人，1/3来自福清，1/3来自沙县各乡镇及三明南平，1/3来自云贵川	340人。多为本地工，外来约10%（三明、广东、上海）	42人。来自本县城	60人。来自本县城及乡下，对半。	116人。来自川、湘、皖、贵占1/2；省内20%，本县乡镇10%，县城20%	78人。每年选拔大学毕业生加盟、选聘有一定经验的科技人员进入	140人，安置70多个残疾人。来自三明地区10%，本县乡镇40%，县城40%，带眷5%-10%	15人，常住浙江3人。来自浙江2个，13个本县城。	120人。来自乡镇80人，其余来自外县尤溪等地
企业性质	老总为福清人		性质：私营企业	性质：私营企业、股份有限公司	股份有限公司、私营	外资（香港万利行（中国）油脂有限公司）	民营股份制利企业。	民营有限责任公司	股份制
住宿情况	厂内宿舍24间，7~8人/间，家属现有20多户	宿舍楼住40人		厂内6间宿舍，一些人租房住。	宿舍一栋，租房。带眷10个，均为双职工		一个宿舍		2个宿舍，20~30人住
员工年龄									
主要产品及其销售	经营冻烤鳗，销往日本	产品：酚醛塑料、氨基塑料、甲醛市场：广东、浙江，出口东南亚、中亚、西亚、中东	产品：瓦楞纸箱市场：三明地区，在三明地区市场占有率最少	产品：水泥袋，市场：永安、本地，本地市场占6%，其余为三明地区	产品：机动车的精锻齿轮和变速箱齿轮，市场：为山东、安徽、兰州大集团公司配套生产	产品：油酸、硬脂酸等10余品种，	化工产品	产品：配电盘，市场：省内各地，江苏涉阳	产品：工业底布市场：广东、浙江、本省，自主销售
原料及来源	来自三明、南平鳗鱼养殖基地	原料国内为主，进口来自欧盟、美、台都有	原纸，来源于青纸、沙县纸厂	来源于青纸	合结钢，来源于山东莱芜、杭州		废旧轮胎等，来源于周边收购，南平、三明、浙江	来源于浙江、温州、乐清	原料：纱，来源于三明地区
初始投资		不详	160万元	160万元	850万元	9258万元	几千元	50万元	700万元
土地成本									

续表

调查项目	三华食品有限公司	宏光化工厂	恒宏包装厂	志恒包装有限公司	三明精锻齿轮有限公司	嘉利化工	福利化工厂	诚丰电气	恒源洲纺织有限公司
产量、及产值产销率（2003年）	满产量2000吨/年，现1500吨。产值2003年4300万元，04年预计1亿元	产值2003年1.1亿元，02年8千万元。	产量：300万平方米/年，产值2003年150万元元2002年110万元产销率95%	产量：600多万条水泥袋，产值300万~400万元，产销率100%	产量：50万套产值2003年1500万元，2002年1209万；产销率100%，以销定产	产量：一期3000吨/年，二期已达到15000吨/年。	同行有4~500家，在国内市场占有前5名，产销率：供不应求，可翻一倍	产值2003年200万元，税7万元；2002年500万元	产值2003年1200万元。产销率100%
上缴税收、利润			2003年税10万元；2002年税6万元	税10万元	2003：120万元 2002：21.6万元		优惠税收		税10万元
产品运输与出口口岸								汽车运输	汽车运输
投资回收期			5年	5-6年		4		1年	4年
目前的制约因素			销路不好，三角债太大。外地同行抢走市场			产品两头在外。	环境问题水南村民、沙阳乐园有反映。	年检收费太高4000~5000元，7、8本证。资金缺口大，贷款困难，要搞民间融资	2002年土地房产权属不清
未来发展			规模还想扩张，向上空发展，建多层厂房				另在高砂镇龙江工业园内新征土地120亩，投资1.2亿元新上废旧橡胶综合利用项目。异地扩建		原厂搬走另做60亩复合包装袋
拟增加土地、投资和员工	预计近期发展到300工人		3年内计划扩展到400人						
需要的政策扶持							希望争取国债贴息贷款。		
需要城市规划方面的基础设施配套									
来本地发展的时间及主要原因			1996年投产，因为是首个工业园，无法选择	2002年入园生产，前一个厂倒闭收购过来	1996年入园，97年投产，劳力、土地便宜，电便宜	1994年投产	1983年投产	2002年入园，原因是招商	2002年入园，买别人厂房

注：表中空白处为原始资料缺失；另，以下资料在表格中放不下，故补充说明：

嘉利化工技术：1993年以来，与多所大专院校及研究所（郑州粮食学院、青岛化工学院、清华大学、福建化工研究所）进行了有效的合作，工艺技术不断提高。1998年取得“五塔多效连续蒸馏”专利权，产品质量达到国际水平。1998年被省科委认证为高新技术企业。市场：在国内重要的经济区域设立了销售公司或办事处。硬脂酸产品多年来与国内知名企业有着良好合作（青岛双星、河南的风神、贵州的黔轮）。油酸产品在一些知名树脂、涂料企业（华润涂料、先达树脂、立邦漆）中对公司的供应产品采购比例达到70%以上。植物沥青、甘油、前馏份等副产品供不应求。1993年初始投资：875万元，1994年投产，1997年回收投资后二期扩建，1998年在广东新会建设新会油脂公司，2001年在江苏建设金利化工有限公司。2002年投资800万元新上聚酰胺树脂生产线，将主产品油酸深度加工，增加生产链。

沙县福利化工厂

产品产量：昂福派再生橡胶22000吨，精细橡胶粉、橡胶颗粒8000吨，颗粒橡胶地板砖、聚氨酯塑料地面铺装材料等5000吨，松焦油5000吨，松轻油500吨，聚丙烯酸钠1800吨，是同行中集产、供、销、科研于一体的大中型企业。

技术创新：产学研共同开发，与天津橡胶工业研究所长期合作，共同研发的精细轮胎再生橡胶获福建省“优秀新产品奖”。

3. 数据分析

（1）人员来源分析

对金沙园和民营园企业人员进行分析，发现本地与外来人员比例基本为1∶1。

表 46：金沙园就业人员统计（2004.5）

	三和食品	明福木业	麦丹	金义	京明纸箱	三明重工	光大包装	合计
就业人数	550	250	430	30	40	73	100	1473
本县人员	55	125	400	15	20	7	90	712
外地人员	495	125	30	15	20	66	10	761

资料来源：实地走访

表47：民营科技园就业人员统计（2004.5）

	三华食品	宏光化工	恒宏包装	志恒包装	三明精锻齿轮	嘉利化工	福利化工	诚丰电气	恒源洲纺织	合计
就业人数	250	340	42	60	116	78	140	15	120	1161
本县人员	25	300	42	60	23	0	25	13	80	568
外地人员	225	40	0	0	93	78	115	2	40	593

资料来源：实地走访

（2）原材料来源和市场分析

对金沙园和民营园企业的原材料和市场进行分析，发现原材料并不局限于本地，产品则多销往外地甚至出口。

表48：金沙园企业原材料来源及市场统计（2004.5）

项目	三和食品	明福木业	麦丹	金义	京明纸箱	三明重工	光大包装
原料	竹笋	木材	大米	聚乙烯	纸	钢板	纸
来源	三明地区各县	三明地区50%，外地（江西、安徽）50%	本地、江西	外购	本地90%，外地10%；	上海、武汉、酒泉	90%来自青山纸业，10%差的纸来自外地和本地纸厂
主要产品	竹笋制品	胶合板	调味品系列，味精、鸡精、大米蛋白等	配色地膜、烟叶仓储、烟草育苗基质	7层及其以下纸箱	重型机械	纸制包装、印刷
市场	主要销往日本，国内主要有上海、北京，拟拓展国内市场	主要销往上海、北京、深圳、厦门等	本省约50%、江西、昆明、广州，外地约50%	产品供三明烟草局，部分供三明烟草分公司	主要销往广西、安徽、江苏	主要销往大西北	主要销往本省，古田为主

表 49：民营园企业原材料来源及市场统计 （2004.5）

调查项目	三华食品有限公司	宏光化工厂	恒宏包装厂	志恒包装有限公司	三明精锻齿轮有限公司	嘉利化工	福利化工厂	诚丰电气	恒源洲纺织有限公司
原料	鳗鱼		原纸	纸	合结钢		废旧轮胎		纱
原料来源	三明、南平鳗鱼养殖基地	国内为主,进口来自欧盟、美、台	青纸、沙县纸厂	来源于青纸	山东莱芜、杭州		南平、三明、浙江	浙江、温州、乐清	三明地区
主要产品	冻烤鳗	酚醛塑料、氨基塑料、甲醛	瓦楞纸箱	水泥袋	机动车的精锻齿轮和变速箱齿轮	油酸、硬脂酸等10余品种	化工产品 塑胶跑道 地板革等	配电盘	工业底布
市场	日本	广东、浙江，出口东南亚、中亚、西亚、中东。	三明地区，在三明地区市场占有率最少	永安、本地，本地市场占6%，其余为三明地区	为山东、安徽、兰州大集团公司配套生产	国内		省内各地，江苏涉阳	广东、浙江、本省

（3）来沙县原因

对金沙园和民营园企业入园原因进行分析，发现外来企业入园主要有两大原因，一是靠近原料产地，二是土地、劳动力、能源等便宜，并有政策优惠等。

表 50：金沙园各企业入园原因 （2004.5）

三和食品	明福木业	麦丹	金义	京明纸箱	三明重工	光大包装
靠近原材料地	本地企业	本地企业，开发区建成后划入开发区范围	成本较低	靠近原料地此	地便宜、办事效率高，政策很优惠	政策很优惠

表51：民营园各企业入园原因 2004.5

三华食品有限公司	宏光化工厂	恒宏包装厂	志恒包装有限公司	三明精锻齿轮有限公司	嘉利化工	福利化工厂	诚丰电气	恒源洲纺织有限公司
	本地厂	本地厂	前一个厂倒闭收购过来	劳力、土地便宜，电便宜。		本地厂	招商	买别人厂房

4. 小结

从上述分析可以得出以下结论：

沙县两大工业园区的就业人员来源不限于本地，本地外地比基本为1：1；

各企业的原材料来源不限于本地；

各企业的市场范围不限于本地；

外来企业入园主要有两大原因，一是靠近原料产地，二是土地、劳动力、能源等便宜，并有政策优惠等。

由此可见，各企业的开放性极强，选址布局的灵活性也极高（个别对原材料有特殊要求的企业除外）。

这一结论对城市群以及其他高级城市系统的结构构建具有重要的基础性意义。“企业”可以看作是高级复杂结构的基本单元，它的高度开放性为高级复杂结构的构建开辟了广阔的空间。

参考书目

（1）[德]沃尔特・克里斯塔勒德国南部中心地原理［M］. 北京，商务印书馆，1998.

（2）[美]贝塔朗菲. 一般系统论的基础、发展与应用［M］. 林康义,魏宏森，译. 北京 :清华大学出版社，1987.

（3）[美]约翰 B・库伦.多国管理战略要径［M］. 邱立成，等译. 北京，机械工业出版社，2000.

（4）[意]贝纳沃罗《世界城市史》

（5）《国务院批转民政部关于调整建镇标准的报告的通知》，1984.11.22实施。

（6）《国务院批转民政部关于调整设市标准报告的通知》，国发[1993]38号。

（7）《全国城镇体系规划纲要2005−2020初稿》，P7，2005年8月。

（8）《人口导报》2011.10.24

（9）《中国城市统计年鉴》2003、2002

（10）Berry, 1973 suggested that the nation could be treated, for most purposes, as fully urbanized. 引自JAMES W. SIMMONS and LARRY S. BOURNE Defining Urban Places: Differing Concepts of the Urban System，systems of cities。

（11）C. A. Doxiadis, 1964, The ekistics elements and the goal of ekistics,from Ekistics, the science of human settlements,Ėkistics, Apr. 1972.

（12）C. A. Doxiadis, 1965, The ekistics units and the ekistic grid, ,from Ekistics, the science of human settlements, Ekistics, Apr. 1972.

（13）C. A. Doxiadis, Action for human settlements, Ekistics, December, 1975.

（14）C. A. Doxiadis, Ekistics, Dec.1975

（15）C. A. Doxiadis, Ekistics,1967(8)

（16）C. A. Doxiadis, Ekistics,June, 1976

（17）Edgar S.Dunn, Jr. :THE DEVELOPMENT OF THE U.S. URBAN SYSTEM(I), by the Johns Hopkins University Press/ Baltimore and London, 1980, P5−33.

（18）JAMES W. SIMMONS and LARRY S. BOURNE Defining Urban Places: Differing Concepts of the Urban System，systems of cities.

（19）James W. Simmons, The Organization of the Urban System, 转引自L. S. Bourne / J.W. Simmons Systems of Cities−Readings on Structure, Growth, and Policy, New York, Oxford University press, 1978

（20）JOHN FRIEDMANN，The Urban Field as Human Habitat，from S.P. Snow, ed. The Place of Planning (Auburn, Ala,: Auburn University, 1973).

（21）L.S. Bourne/ J.W. Simmons，systems of cities, Oxford University Press, New York, 1978。

（22）M.Eigen & P.Schuster，The Hypercycle−A Principle of Nature Self−Orgnization, Springer0Verlag 1979,曾国屏、沈小锋译《超循环论》，上海译文出版社，1990年5月。

（23）Maurice Yeates and Barry Garner: The north American city，San Francisco : Harper & Row, Pub., 1980

（24）鲍世行主编：《城市规划新概念新方法》第四章，北京，商务印书馆，1993.1。

（25）第五次全国人口普查公报（第1号）

（26）第五次全国人口普查公报（第2号）

（27）丰子义、杨学功：《马克思“世界历史”理论与全球化》，北京，人民出版社，2002。

（28）郭克莎（中国社会科学院工业经济研究所研究员）：中国工业化的进程、问题与出路，《中国社会科学》2000年第3期

（29）克里斯塔勒・W., 常正文, 王兴中译《德国南部中心地原理》，北京商务印书馆，1998。

（30）李治民、徐小青：中国农业生产方式与美国的比较，河北农业大学农村发展学院，中国农业科技信息网，http://tch.hebau.edu.cn/nongcunfzh/lt12.htm。

（31）罗志刚，本.西格斯[德]，德国纽伦堡G级中心地体系的变迁研究，《国际城市规划》，2013[3]

（32）罗志刚《人居环境系统的层级进化特征初探》，清华大学博士论文，

2003.6。
（33）苗东升《系统科学精要》，北京：中国人民大学出版社，1998年5月。
（34）南京大学城市规划设计研究所：《城镇体系规划讲义》，1995.10。
（35）钱学森《大系统理论要创新》，载《系统工程理论与实践》，1986（1）
（36）钱学森等著《论系统工程》增订本，长沙 : 湖南社会科学出版社, 1982。
（37）山东省人民政府，《山东省城镇体系规划综合报告1996-2010》。
（38）沈玉麟：《外国城市建设史》，北京，中国建筑工业出版社，1993年
（39）孙成民：走访美国明尼苏达州现代农业，《农村经济》2005年第1期
（40）魏宏森、宋永华《开创复杂性研究的新学科——系统科学纵览》，四川教育出版社，1991年12月。
（41）吴良镛：《人居环境科学导论》，北京：中国建筑工业出版社， 2001年10月。
（42）吴彤《自组织方法论研究》，清华大学出版社，2001年6月。
（43）徐高示止主编：《中国古代史（上册）》，华东师范大学出版社，1990年。
（44）许国志主编：《系统科学》，上海科技教育出版社，2000年9月。
（45）许学强等《城市地理学》，高等教育出版社，2001年8月。
（46）杨共乐、杨俊民：《璀璨的古希腊罗马文明》，中国青年出版社，1999年5月。
（47）张京祥《城镇群体空间组合》，2000年3月。
（48）赵炳时：《美国大城市形态发展现状与趋势》，《城市规划》，2001(5)。
（49）中国农村专业技术协会网：赴美大豆机械化免耕、少耕精准栽培技术培训考察报告，http://www.china-njx.com/zzjs2005-6-mg-11.htm
（50）中国市长协会，《中国城市发展报告》编辑委员会，《2002~2003中国城市发展报告》,商务印书馆，2004-2。
（51）周干峙《城市及其区域——一个开放的特殊复杂的巨系统》，载《城市规划》1997（2）
（52）周一星、杨焕彩主编《山东半岛城市群发展战略研究》，北京，中国建筑工业出版社，2004.8。
（53）朱龙华著：《世界古代史——上古部分》，北京大学出版社，1991年12月。
（54）邹军、张京祥、胡丽娅编著《城镇体系规划：新理念、新范式、新实践》，南京：东南大学出版社，2002年7月。

后记

本书宗旨是为了阐述一个新思想，不是做国家系统规划——凭笔者一己之力是做不到的，但研究性、探索性工作则是可行的。

通过多年的理论研究和实践探索，作者形成3个越来越明确的思想，总结如下：

①中心地体系对应于农业时代。农民要种田、平均分土地，于是农村在大地上均匀分布、城市也相应地均匀分布。

②工业时代要求空间集聚，这与中心地体系无法兼容。传统农业被现代农业取代、传统农村被农业功能点取代，农村不再必要，这从根本上动摇了中心地体系的根基。

③我国城市体系脱胎于农业社会，中心地体系根深蒂固。但在走向工业化的过程中，必须抛弃旧体系。

我国正在全面进入工业化阶段，迫切需要一个新的空间结构予以支撑、引导。这一新结构将甩掉传统中心地体系简单的等级结构，新结构将主要是一个双层结构，即人口、产业的主要集聚层和农业、初级产业的均匀分布层，结构重心落在集聚层上。

其实这对美、加等国来说算不上新思想，但是对我国来说好像总显得那么遥远、不可思议。现实的基础阻碍着新思想的生长、传统的认识论也阻碍着新概念的诞生。

笔者之所以跳出了传统思维的束缚，首先在于认识论上的突破，这包括对传统的城市观的突破、对传统体系观的突破，以及树立新的进化观——新结构的出现不是靠旧结构自然生长出来的，旧结构只能长出旧结构，新结构必须靠创新。

没有新的认识论指导，即便把人家的大都市区等先进形态搬过来，也只能是两张皮，中心地体系依然故我。

但新的认识论的形成难度较大、也是比较高层面的抽象思维，那么从另一条途径也可以达到目的：那就是充分认识中心地体系的农业本质，充分理解工业社会的生产力要求、产业链的组织方式、产业集群的空间要求等，从实践和应用层面找到突破口。

这就是本书的一个思想（层级进化思想）、两个接口（认识论接口和方法论接口）。

可以展望，未来的国家产业体系将主要集中在非农领域，农业问题将通过非农手段解决，农民将彻底解放。城市化将不再成为一个僵局，国内需求和国内市场彻底激活、非农就业领域得到极大拓展、高端产业不断发展，一个充满活力的国家经济体系即将诞生。

可以展望，未来的人口体系将与经济体系保持高度一致，全体人民享受高质量的城市生活（具体的城市化水平数值已没有意义），全民物质文化生活水平大幅度提高、国民素质迅速提高，这将为更长远的发展提供高质量的人力资源。

可以展望，未来的国家空间结构主体将是一个集聚的、高效的结构，将为人口和产业的集聚提供适宜的空间保障，传统的中心地体系不再主导。新结构将集约使用资源和基础设施。国家整体摆脱农业结构束缚、并跨越城市化障碍、进入集群化时代—— 一个更为自由、更为丰富多彩的新时代。

城市仅仅是个开端，结构演化的历程才刚刚开始。我们要奋起直追！

致谢

感谢清华大学的人居环境课程引介了希腊学者道萨迪亚斯“人类聚居”的概念，使我萌发了“人居系统”概念以及对“层次跃变”的最初思考。

感谢我的博士导师赵炳时教授在我的博士论文阶段顶住“压力”、给予我积极的鼓励、引导和大力的帮助与支持。我的博士论文是国家系统概念的最初来源。论文曾被某位老师认为与“人居环境科学”相同而不允许开题，赵炳时先生鼓励我：“年轻人大胆地写！”

感谢同济大学为我提供了博士后研究条件，感谢我的博士后导师陈秉钊教授对我博士后研究的悉心指导和大力帮助。陈教授在一开始就制定了实践检验理论的方向，使国家系统研究从抽象的纯理论走向与实践结合的道路，实现了研究过程的巨大转型。并且，许多关键的思想和理论进展都来自大量实践项目的亲身参与，我对产业、经济、人口、城市化、空间结构等关键问题的一体化理解直接来源于实践项目的参与。同时，与陈教授的多次讨论、汇报，推进了研究的不断进展。正是陈教授的悉心指导和大力帮助，使本书能够成稿。

感谢上海同济城市规划设计研究院支持我开展了两项与此相关的科研课题，并资助本书的出版。我在上海同济城市规划设计研究院工作期间，审查了大量的城市规划项目，对国家系统思想的形成提供了大量的思考、比对材料。

感谢上海同济城市规划设计研究院德籍总工本·西格斯与我合作完成德国南部纽伦堡中心地体系的变迁研究（2011），为破解中心地体系的束缚提供了有力的支撑。

感谢建设部和南京大学举办的城镇体系规划培训班（1995年）启发了我最初的系统思维。

感谢清华大学人文学院魏宏森教授、曾国屏教授、吴彤教授和肖广岭副教授将我引进系统科学的大门，由此使我形成了科学的认识论。

感谢北海市政府和蒙特利尔市政府提供机会考察加拿大城市规划（1997年），从中我了解了国外大都市区的真实内涵，这对国家系统概念的形成具有重要帮助。

感谢我在北海的领导张兴强局长，为我的博士论文研究工作提供了多方面的保障。

感谢我的家人和孩子，她们为此经历了多年的漂泊和动荡。我的夫人也是我许多思想火花的第一个评阅人，正是她的介入，使国家系统理论的通俗性和可读性不断提高。

罗志刚 2015.3.17
上海同济城市规划设计研究院